沈君／编著

U0311927

让 Excel 成就你，而不是你迁就它

Excel

数据控的

高效分析手册

人民邮电出版社

北京

图书在版编目（CIP）数据

Excel数据控的高效分析手册 / 沈君编著. -- 北京：
人民邮电出版社，2019.5
ISBN 978-7-115-50563-7

Ⅰ．①E… Ⅱ．①沈… Ⅲ．①表处理软件－手册
Ⅳ．①TP391.13-62

中国版本图书馆CIP数据核字(2019)第022882号

内 容 提 要

"把这些数据做一下分析！"

当上司这么问的时候，他究竟想要什么？

"张总，这是我做的分析报告。"

你以为的完成，是真的做好了吗？

"我要成为Excel技术专家！"

雄心壮志固然好，但真的有必要吗？

其实对于大部分工作来讲，你要做的只是一个"会使用Excel的人"！

本书是作者多年企业培训经验的精心汇总，直击各行业日常数据分析工作中的常见问题，并提出高效解决方案，帮助读者快速理清思路、高效操作、精准汇报,完成数据分析重任，成为数据分析达人。

◆ 编　著　沈　君
　　责任编辑　张　翼
　　责任印制　周昇亮

◆ 人民邮电出版社出版发行　　北京市丰台区成寿寺路11号
　　邮编　100164　电子邮件　315@ptpress.com.cn
　　网址　http://www.ptpress.com.cn
　　北京瑞禾彩色印刷有限公司印刷

◆ 开本：880×1230　1/32
　　印张：6.375
　　字数：208 千字　　　　　　　　2019 年 5 月第 1 版
　　印数：1 – 2 500 册　　　　　2019 年 5 月北京第 1 次印刷

定价：35.00 元

读者服务热线：**(010)81055410**　印装质量热线：**(010)81055316**
反盗版热线：**(010)81055315**
广告经营许可证：京东工商广登字 20170147 号

1 分钟明确学习目标

Excel 在我们的工作中出现的频率极高，用好 Excel 可以显著提高工作效率，减少劳动时间，产出更大的工作价值。意识到它的重要性后，越来越多的人开始花费精力和时间去学习和使用 Excel，市场上也出现了大量的培训和书籍。在与近千名职场人士的交流中，我经常得到的反馈是："Excel 的书那么厚，大部分我用不到！"

因为拥有认知心理学背景，我深知这些培训和书籍的问题在哪里。大部分用户的想法是"让 Excel 来解决我的问题"，而不是"我想把 Excel 学好"。换句话说，用户不关心 Excel，他只关心能否解决工作中的问题。如果 Excel 没有给他的工作带来困扰，那么他就不会去主动学习 Excel。职场人士追求的应该是"学习够用的 Excel，来解决工作问题"，而不是"把 Excel 学透"。如果只要把 Excel 学到 30% 就能够解决工作问题，那么他们绝对不会多花时间在 Excel 的学习上，毕竟工作中的事情还有很多。

根据这样的情况，我开始着手编写本书，目的是为了能够"真正解决职场人士的问题"，而不是"教软件"——毕竟 Excel 只是解决问题的一个工具而已。同时，我还将多年的工作和培训经验用案例化的方式进行演绎。为了避免碎片化的知识讲解导致"学的时候会，用的时候忘"的窘境，我决定使用一个案例将所有的知识点串联起来，也就是通过一个实际的案例，将工作中的问题完全分解。当看完这本书，完成这一个案例的时候，你已经不知不觉间学会了所有的知识点，并能够运用到工作中了。

　　为了能够最大限度地减少读者的工作量，本书的附录罗列了你工作中能使用 Excel 来完成的复杂工作，帮助你快速解决工作中的实际问题。同时，本书配套的电子资源还提供了每章的视频教程和案例素材文件，可以通过文字和视频两种方式来加速你的学习进程，从而让 Excel 成就你，而不是你去迁就 Excel。

01 你为什么得不到上司的欣赏

02 快速上手数据分析——
让 Excel 成就你，而不是你迁就它

03 极简的分析工具——
做好 Excel 数据分析，升职加薪指日可待

04

有理有据的决策支撑——
Excel 数据分析的 2 个基本思路

05

惊艳的决策支撑——
Excel 数据分析的 4 个高级思路

06

利用 Excel 升职加薪——
数据分析报告这样做才牛

附录

你为什么得不到上司的欣赏

在与职场人士多年的沟通中，他们都会向我反映一件事："自己得不到上司的欣赏！"

1.1 上司关心的是什么

"张总，这是我们产品的销售数据，您看一下。"

"小沈，我没空看，你给我大致说一下吧！"

"我们的产品一共有 7 个品类，在全国 19 个地区销售，销售数据是这张表，库存是这张表，营收和利润是这张表……"

"可以了，我等会有个会，你下班前整理好再给我。"

以上场景有很多人向我反馈过，无论数据还是产品、人员还是记录，都会碰到这样的问题：自己将辛辛苦苦做的 Excel 数据表拿给上司看，而上司根本不屑一顾，只是瞥了一眼，然后听你的长篇大论。甚至他连 Excel 表都不看，或者他根本不能从 Excel 表中看出你想表达的意思。

很多人找到我，向我倾诉："我的上司根本不懂 Excel，我花了一天时间做的数据他看都不看，我的工作岂不白做了？"我的回答是"你的工作并没有白做，只是你的顺序出现了问题"。我给他做了一个示范。

"张总，根据数据显示，A 产品的销量是最高的，占到我们公司 7 个产品中的 41%，但是相较于去年有所下滑，根据分析是产品库存跟不上导致的。我建议增加 A 产品的制造量，这样可以增加 A 产品的销量、提升公司下一季度的利润，这些是产品的销售和库存数据，您看一下。"

这样的汇报就会得到上司的欣赏，是如何做到的呢？将这段话分解一下：

张总，根据数据显示，A产品的销量是最高的，占到我们公司7个产品中的41%，但是相较于去年有所下滑，根据分析是产品库存跟不上导致的。	—— 数据分析
我建议增加A产品的制造量，	—— 决策选择
这样可以增加A产品的销量；提升公司下一季度的利润，	—— 相关利益
这些是产品的销售和库存数据，您看一下。	—— 基础数据

上司关心的是什么？上司并不关心你的基础数据具体值是多少，也不关心你是用 Excel 还是用计算器进行分析，它只关心"这些数据对我的决策有什么帮助，能给我带来什么利益"。换句话说，上司关心的是"决策选择"和"相关利益"。

1.2 你的汇报做错了什么

扫描后观看
视频教程

如果你是一个新手，在对上司进行汇报前，很可能会拿到多个 Excel 文件，每个文件包括不同部门、不同产品、不同时间的工作表。而每张表都包含几千行甚至几万行的数据。你深知这些数据太多了，没有办法进行汇报，所以就对数据进行了分析，然后就直接向上司去汇报了。汇报的过程大致如下。

　　"张总，这是我们这季度的产品销售和库存数据，我做了一下数据分析，所有的内容都标注在上面了，您看一下。"

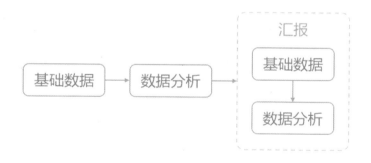

整个汇报过程就是将自己的工作内容进行了"流水账"一样的描述，上司听到的是"你做了哪些工作"。但所有的汇报内容，对于他来说没有任何帮助。

如果你已经是一个老手了，那么面对海量的数据，除了会进行分析外，你还会得出一些可供上司参考的决策选择。但在进行汇报时，你却仍然按照"基础数据""数据分析"和"决策选择"的顺序进行汇报。

　　"张总，这是我们这次产品销售的数据，您看一下。我们的产品一共有 7 个品类、在全国 19 个地区销售，销售数据是这张表，库存是这张表，营收和利润是这张表……根据数据显示，A 产品的销量是最高的，占到我们公司 7 个产品中的 41%，但是相较于去年有所下滑，根据分析是产品库存跟不上导致的，所以我建议增加产品的制造量。"

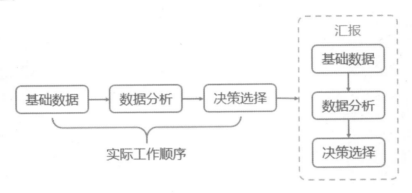

在整个汇报中，Excel 的基础数据和分析过程，上司通常会显得不屑一顾。只有在上司时间充裕，而且足够有耐心时，才会听到这次汇报中最重要的一句话"建议增加产品的制造量"，而这句话却在最后。

如果我们换种方式，在汇报中先进行"数据分析"，然后突出"决策选择"，并加上"相关利益"，最后用"基础数据"作为"决策结果"的可信度支撑，那么上司就可以在短时间内得到他所关心的内容。

"张总，根据数据显示，A 产品的销量是最高的，占到我们公司 7 个产品中的 41%，但是相较于去年有所下滑，根据分析是产品库存跟不上导致的。我建议增加 A 产品的制造量，这样可以增加 A 产品的销量，提升公司下一季度的利润，这些是产品的销售和库存数据，您看一下。"

也就是说，实际工作的顺序和汇报的顺序如下图所示。

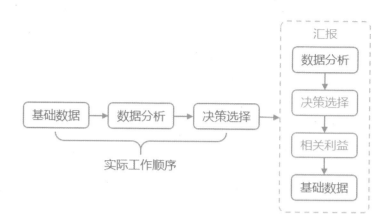

实际工作顺序

1.3 数据分析是为了支撑决策

我们到底为什么要做数据分析？数据分析的目的是什么？

数据分析的结果可以体现出公司现状，告诉你企业现阶段的整体运营情况，通过各个指标的完成情况来衡量企业的运营状态，准确了解企业整体运营是好还是不好。数据分析还可以找到运营过程中的某项指标为什么好或者不好的原因。此外，数据分析还可以得出预测：如果现在不发生改变，那么一年后的公司会变化成什么样。

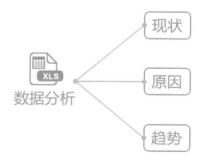

　　数据分析可以根据当前的数据，得到公司的"现状""原因"和"趋势"，而这些并不是数据分析的目的，只是数据分析的作用。数据分析的真正目的是为了给管理者做决策，让管理者知道下一步做什么才能让公司变得更好。

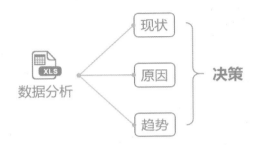

　　你通过数据分析得出了产品销售的数据报告，而上司需要的是："哪个产品要增加销量？哪个产品要停产？哪个区域要增加销售力度？"

　　你通过数据分析得出了公司员工的数据报告，而上司需要的是："哪些岗位需要招聘？哪些员工薪资过高需要调整？哪些部门人员过多需要裁减？"

　　你通过数据分析得出了公司财务的数据报告，而上司需要的是："占据成本最大的项目是否可以删减？主营业务收入如何调整才能让公司继续运营？"

　　当明确了数据分析的目的是为了给决策做支撑后，本书将会告诉你如何进行科学的数据分析，并得出可靠决策，让你的工作成果价值最大化，让你的上司肯定你的工作。

1.4 本书所使用的案例

扫描后观看
视频教程

　　查看了众多与 Excel 相关的书籍、视频教程和线下培训后，笔者发现它们大都围绕 "Excel 的这个功能是什么，我们该怎么用"进行介绍。这样碎片化的讲解方法虽然简单，但却需要受众接受很多支离破碎的知识，最后会陷入"学的时候会，用的时候忘"的境地。

　　为了避免这种情况的发生，笔者决定使用一个案例将所有的知识点串联起来。

也就是通过一个真实案例，将工作中的问题完全瓦解。当看完这本书、完成这一个案例的时候，相信你已经不知不觉间学会了所有的知识点，并能够运用到工作中了。

贯穿本书的案例包含了一个工作表，它由"订购日期""区域""类别""数量""成本"和"销售金额"这6列组成。其中，为了方便介绍，我们约定"数量"的单位为"件"，代表1个包装单位；"成本"和"销售金额"的单位均为"元"。

订购日期	区域	类别	数量	成本	销售金额
2020/1/24	北京	彩盒	348	97,749.58	123863.07
2020/2/13	北京	彩盒	250	19,814.79	27651.58
2020/3/16	北京	彩盒	90	36,850.45	40412.48
2020/3/21	北京	彩盒	550	88,869.47	126481.42
2020/3/21	北京	彩盒	157	7,580.00	10831.41
2020/3/21	北京	彩盒	18	1,510.23	2723.99
2020/3/23	北京	彩盒	110	81,133.06	88047.39
2020/4/28	北京	彩盒	300	64,904.99	65740.66
2020/5/25	北京	彩盒	350	52,462.78	60392.10
2020/6/18	北京	彩盒	200	31,731.54	36646.23
2020/6/20	北京	彩盒	198	9,776.16	11897.41
2020/6/27	北京	彩盒	152	24,916.42	28178.16
2020/7/19	北京	彩盒	1500	225,401.61	255707.59
2020/8/15	北京	彩盒	16	3,333.04	6561.81
2020/8/22	北京	彩盒	250	25,468.24	30767.25

案例中的原始数据经过修改，可以用于产品销售部门对产品的成本和销量进行分析，最后的分析结果可以作为销售部门对以往销售情况的总结，同时得到若干提升销量和利润的决策。此外，也可以帮助产品部门分析下一季度的产品生产数量等。

为什么是这6列数据呢？经过大量的调研，笔者发现职场中接触到的数据主要包括产品信息、人员信息、销售记录、购买记录、生产记录和进存销记录等，而这数据都离不开"日期""分类""数量"和"价格"。

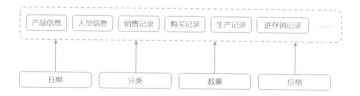

　　而这些正是本案例所使用的数据类型，本案例可以帮助你通过 6 个数据列，从不同日期、不同分类、不同数量和不同价格等多个角度进行数据分析。进而，可以衍生到各种复杂情况，解决工作中的实际问题。

订购日期	区域	类别	数量	成本	销售金额
2020/1/24	北京	彩盒	348	97,749.58	123863.07
2020/2/13	北京	彩盒	250	19,814.79	27651.58
2020/3/16	北京	彩盒	90	36,850.45	40412.48
2020/3/21	北京	彩盒	550	88,869.47	126481.42
2020/3/21	北京	彩盒	157	7,580.00	10831.41
2020/3/21	北京	彩盒	18	1,510.23	2723.99
2020/3/23	北京	彩盒	110	81,133.06	88047.39
2020/4/28	北京	彩盒	300	64,904.99	65740.66
2020/5/25	北京	彩盒	350	52,462.78	60392.10
2020/6/18	北京	彩盒	200	31,731.54	36646.23
2020/6/20	北京	彩盒	198	9,776.16	11897.41
2020/6/27	北京	彩盒	152	24,916.42	28178.16
2020/7/19	北京	彩盒	1500	225,401.61	255707.59
2020/8/15	北京	彩盒	16	3,333.04	6561.81
2020/8/22	北京	彩盒	250	25,468.24	30767.25

（日期 → 订购日期；分类 → 区域、类别；数量 → 数量；价格 → 成本、销售金额）

本案例的素材文件可以从配套的电子资源中获取。

02

快速上手数据分析
——让 Excel 成就你，而不是你迁就它

使用 Excel 进行数据分析占据了职场人士很多的工作时间。而在使用 Excel 的过程中，很多人摸不着头脑："我该做哪些操作才能完成数据分析？"

Excel 提供了大量功能，但你不需要每一个都去学习，知识只要够用就可以了。要让 Excel 来成就你，而不是你去迁就 Excel。

2.1 你需要的是一目了然的数据

对成千上万行的数据进行分析，首先要做的就是让数据一目了然。

2.1.1 使用降序提高数据的"易读性"

在工作中，经常需要对数据进行排序，以便让杂乱无章的
数据规则排列。当数据为数字时，例如金额、数量和年龄等，
因为工作中通常都关心最大的数值，所以绝大部分的情况是将
数字从大到小排序，也就是降序排列。

扫描后观看
视频教程

在本书案例中，需要对成本进行降序排列。首先，单击需要排序的列名"成本"，
然后在"数据"选项卡中单击"![ZA↓]"按钮。

	A	B	C		E	F
1	订购日期	区域	类别		成本	销售金额
2	2020/1/24	北京	彩盒	548	97,749.58	123,863.07
3	2020/1/24	广州	日用品	500	75,570.53	86,274.42
4	2020/1/24	北京	睡袋	400	35,530.36	45,963.57
5	2020/1/24	广州	日用品	300	28,908.25	26,817.03
6	2020/1/24	广州	睡袋	48	18,470.68	21,417.08
7	2020/1/24	武汉	食品	100	18,043.41	23,098.13
8	2020/1/24	武汉	鞋袜	75	17,907.23	23,853.63
9	2020/1/24	深圳	彩盒	54	14,164.37	15,366.49
10	2020/1/24	武汉	日用品	200	11,997.68	15,237.12

此时整张表格的数据都按照成本进行降序排列。

订购日期	区域	类别	数量	成本	销售金额
2020/4/12	上海	日用品	1500	336,731.78	300,105.91
2020/4/5	上海	日用品	1450	331,856.46	305,484.15
2020/7/23	上海	日用品	1150	286,037.11	264,205.22
2020/7/19	苏州	彩盒	1500	225,401.61	255,707.59
2020/10/22	昆山	睡袋	2705	198,504.23	288,354.27
2020/6/14	上海	日用品	700	164,471.28	149,967.65
2020/12/12	昆山	彩盒	1000	161,788.10	185,382.44
2020/12/12	昆山	睡袋	1512	138,594.55	142,448.49
2020/5/31	常熟	服装	1512	137,427.88	142,448.49

大 → 小

　　如果需要排序的数据是中文，例如性别、产品名称或者人名时，Excel 会根据中文拼音进行排序。而且根据习惯，大部分情况都是升序排列。例如将本书案例按照区域进行升序排列，得到的结果如下图所示。

　　Excel 会按照拼音首字母的升序进行排列。可"上海"和"深圳"都是"S"开头，Excel 会怎么排序呢？当第一个字母都是"S"时，Excel 会比较第二个字母，如果第二个字母相同，会比较第三个字母，以此类推，直到字母不同为止。

2.1.2 按照公司的规定进行排序

在实际工作中，数据不一定都按照升序或降序来进行排序。例如在案例中，公司的重点区域为北京，然后是上海、广州、深圳和武汉，希望在数据进行排序时，北京第一、上海第二、广州第三、深圳第四、武汉第五，而这种排序既不属于升序，也不属于降序。如何让 Excel 实现自定义排序呢？

首先，单击区域，找到"数据"选项卡，单击"排序"按钮。

打开"次序"的下拉菜单，找到"自定义序列"。

"自定义序列"可以让 Excel 根据你的意愿对数据进行排序。在"输入序列"对话框中依次输入"北京、上海、广州、深圳、武汉"，并用换行来隔开。输入完成后，单击右侧的"添加"按钮，然后单击"确定"按钮。

由于"北京、上海、广州、深圳、武汉"这个顺序是公司规定的，会经常使用，难道每次制作文件都需要重新制作一次"自定义序列"吗？并不用。Excel 将会把这个序列保存到默认文件中，这就意味着在本台电脑中，打开任何 Excel 表，都可以直接选择该排序方式，不需要重复输入了。

2.1.3 复杂的数据排序才能凸显你的专业

在本书案例中，由于数据较为复杂，当需要先按照区域进行排序，然后再按照类别进行排序时，该如何做呢？

扫描后观看
视频教程

此时需要将此表先按照"区域"进行排序，在每个相同的区域中，再按照"类别"进行排序。

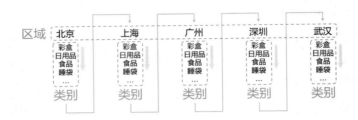

首先单击表格数据的任意位置，单击数据选项卡中的"排序"按钮。

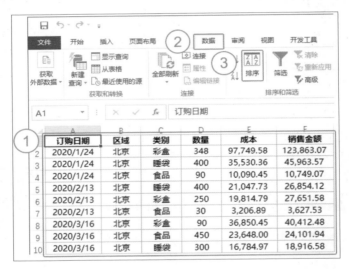

通过单击"添加条件"按钮来新增一个排序条件，在"次要关键字"处选择"类别"，然后单击"确定"按钮。

有两个排序条件时，Excel 是如何进行排序的呢？此时就像把所有数据先按照"区域"分成 5 组，将这 5 组按照顺序排列。

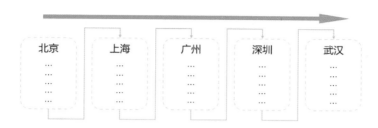

然后在每个小组内将数据按照"类别"进行排序，直至数据全部完成。

2.2 茫茫数据中如何寻找你要的那个"它"

要在一本 200 页的书中找到某个数据，需要花费大量的精力，但如果是在 Excel 表中要找到某个数据，一般通过查找功能就可以快速定位。可如果条件特殊时，就不那么容易了。例如需要从一堆数据中找到所有的利润项目、在上千名员工中找到职级为"科员"的所有人或在数百条产品信息中找到数量大于 500 的数据等。

2.2.1 使用"筛选"快速找到自己需要的数据

想快速寻找到满足自己需要的数据，可以使用 Excel 的筛选功能来代替肉眼查找。例如本书案例中，需要筛选出所有在北京区域销售的产品。

扫描后观看
视频教程

单击数据表中的任意单元格，再单击"数据"选项卡中的"筛选"按钮。

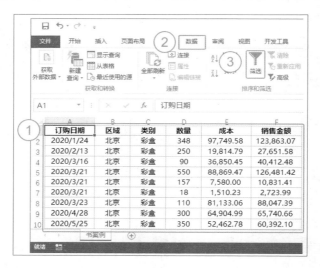

此时整个表格第一行的每个单元格都会出现一个小三角按钮，单击"区域"的小三角按钮，在多个选项中，先单击"全选"复选框，将所有的选项去除，然后再单击"北京"复选框，最终单击"确定"按钮。

查看数据，此时所有的数据都是"北京"的信息。而仔细查看左侧的行号"1,2,3"等，为什么所有的数字都变成了蓝色？

	订购日期	区域	类别	数量	成本	销售金额
2	2020/1/24	北京	彩盒	348	97,749.58	123,863.07
3	2020/2/13	北京	彩盒	250	19,814.79	27,651.58
4	2020/3/16	北京	彩盒	90	36,850.45	40,412.48
5	2020/3/21	北京	彩盒	550	88,869.47	126,481.42
6	2020/3/21	北京	彩盒	157	7,580.00	10,831.41
7	2020/3/21	北京	彩盒	18	1,510.23	2,723.99
8	2020/3/23	北京	彩盒	110	81,133.06	88,047.39
9	2020/4/28	北京	彩盒	300	64,904.99	65,740.66
10	2020/5/25	北京	彩盒	350	52,462.78	60,392.10

"筛选"功能，实际上使用的是将行隐藏的方法，将不满足条件的行进行了隐藏。旁边的行标题变成了蓝色，是 Excel 在提醒你"当前看到的数据是筛选后的数据，还有很多数据被隐藏"，防止你把一些重要数据给遗漏了。

2.2.2 选择数量大于 500 的数据

扫描后观看
视频教程

在上一操作中，使用"筛选"按钮来筛选"北京"的数据非常方便，但如果要在案例中选择"产品数量 >500"的数据该怎么办呢？

单击"数量"右侧的小三角按钮，在打开的窗口中可以看到许多数字从小到大排列，难道需要手动一个个去掉小于 500 的产品吗？不用！

我们可以单击"数字筛选"命令，选择"大于"命令，在弹出的对话框中输入500，就可以找到"产品数量 >500"的数据了。

为什么会有"数字筛选"按钮呢？Excel 侦测到"数量"这一列的数据都是数字类型时，就会在筛选功能中添加"数字筛选"按钮。它可以对数字进行"大于""小于"或"介于"的常用比较，还可以满足筛选产品销售金额的"前 10 项""高于平均值"和"低于平均值"的个性化要求。在"自定义筛选"里，还可以筛选"开头是"或"开头不是"的数据，用于寻找特殊的姓名或产品编号。此外，还可以使用"结尾是""结尾不是""包含""不包含"等特殊条件。

🔒 专栏：筛选中的小陷阱

仔细查看上一操作的结果，你发现什么问题了吗？

订购日期	区域	类别	数量	成本	销售金额
2020/3/21	北京	彩盒	550	88,869.47	126,481.42
2020/7/19	北京	彩盒	1500	225,401.61	255,707.59
2020/10/22	北京	彩盒	818	83,158.63	106,799.28
2020/12/12	北京	彩盒	818	82,966.87	106,799.28
2020/5/25	北京	睡袋	600	34,342.33	44,109.00
2020/6/30	北京	睡袋	1000	65,748.74	77,891.78
2020/6/30	北京	睡袋	700	41,843.75	50,629.66
2020/6/30	北京	睡袋	600	16,156.10	19,673.24
2020/7/16	北京	睡袋	600	21,108.18	25,904.58
2020/4/28	北京	鞋袜	4700	3,431.00	2,440.61

你所做的操作是筛选"数量 >500"的数据，为什么结果都是"北京"？Excel 出错了吗？其实是在之前的一个操作中，我们筛选出了"北京"，而现在筛选"数量大于 500"的数据是在"北京"这个条件之上完成的，也就是在区域为"北京"的数据中找"数量大于 500"的数据。

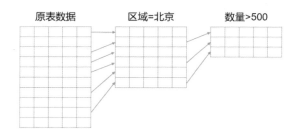

这也就意味着，Excel 每次执行筛选，都不是从原表数据中操作，而是建立在前一次筛选结果之上。

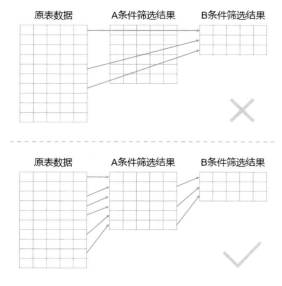

如何能够在原表数据中进行数据筛选呢？这就需要在每次筛选前，都清除前一次的筛选结果。

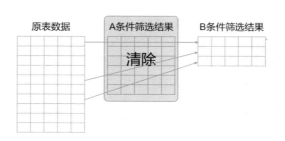

可以通过单击"数据"选项卡中的"清除"按钮来实现。

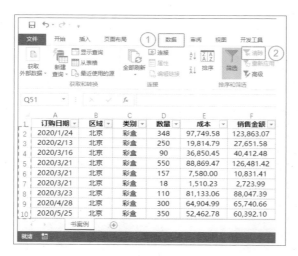

当单击"清除"按钮后，左侧的行标题从蓝色变回了黑色，也就意味着数据回到了最初的全部数据状态。此时再进行"数量 >500"的筛选，就可以得到准确的数据了。

2.2.3 按时间筛选下半年的产品

工作中经常碰到的数据，除了数字类型之外，日期是最为常见的了。我们通常需要找到某个时间段内的数据，例如本书案例中，需要找到所有下半年的产品。

扫 描 后 观 看
视 频 教 程

　　首先，要避开筛选中的小陷阱，所以先要把筛选结果清除掉。然后单击"订购日期"右侧的小三角按钮，此时 Excel 侦测到本列为日期格式，所以出现了 "日期筛选"命令。单击"日期筛选"命令后，再单击"介于"命令。

　　在文本框中分别输入"2020/7/1"和"2020/12/31"，也可以单击右侧的⌄按钮，在日期选择器中，通过鼠标单击来选择日期，最终单击"确定"按钮。

　　Excel 提供了各种与日期相关的筛选方式，包括"天""周""月""季度""年"等常见单位，还提供了各种定制化的筛选要求，足够满足我们日常工作所需。

2.2.4 筛选出不同项给上司过目

在实际工作中，常常需要统计数据表中有多少个不同项。就像在本书案例中，需要在原表的 588 条数据中找到本公司共有多少种类的产品。该如何操作呢？

也许有经验的人士会点开"类别"列的筛选按钮，这样就能看到所有的数据了，但是这些数据无法复制。

如何能够筛选出"类别"的不同项，而且可以复制呢？

首先清除上一操作的筛选结果，然后单击"数据"选项卡中的"高级"按钮。

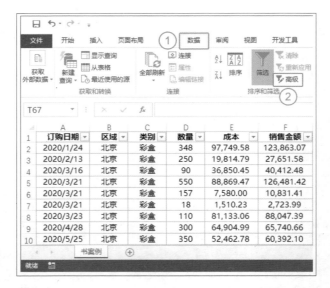

在弹出的对话框中，单击"列表区域"文本框，选择数据表中的"C 列"，勾选"不重复的记录"复选框，并单击"确定"按钮。

"列表区域"文本框所填入的信息就是你告诉 Excel"那个数据需要找不同项"。Excel 会将 C 列，也就是"类别"中的不同项筛选出来。

	订购日期	区域	类别	数量	成本	销售金额
1						
2	2020/1/24	北京	彩盒	348	97,749.58	123,863.07
22	2020/5/31	北京	服装	300	29,534.38	27,373.40
25	2020/3/16	北京	日用品	30	12,278.49	13,470.83
34	2020/1/24	北京	食品	90	10,090.45	10,749.07
52	2020/1/24	北京	睡袋	400	35,530.36	45,963.57
90	2020/3/21	北京	鞋袜	3	320.94	1,085.10

需要注意的是，在筛选结果中罗列了不同的类别，但其他数据没有实际意义。

🔒 专栏：复制筛选结果没那么容易

上一操作将本案例数据中"类别"的所有不同项筛选出来了，现在要将其记录下来，通过复制的方式保存到 H1 单元格。

奇怪，明明复制了 6 个单元格，为什么粘贴后的结果只有 2 个呢？

这是因为筛选利用的是"隐藏"的操作，表格第 3~15 行被隐藏了，而复制的结果保存在 H1:H6，所以部分数据无法显示。

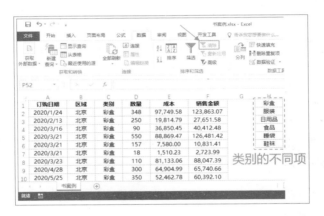

此时需将隐藏的行显示出来，也就是将筛选结果"清除"，即可看到所有的类别不同项。

2.2.5 怎么根据超级复杂的条件进行筛选

扫描后观看
视频教程

在工作中，你也许会为了解决公司中的单身员工情感问题，而需要寻找年龄在 30 岁以下的男性单身员工和年龄在 28 岁以下的女性单身员工，或者想筛选上半年的 A 产品和下半年的 B 产品进行比较。这样复杂的条件在 Excel 中如何进行筛选呢？

例如在本案例中，需要筛选在北京地区数量大于 800 的产品和上海地区数量大于 900 的产品。

（地区=**北京** 且 数量>**800**） 或 （地区=**上海** 且 数量>**900**）

如果按照普通的筛选方法，"区域"可以筛选为"北京"和"上海"，但数量却无法设置成两个选项。像这样的复杂筛选条件就需要用到 Excel 的"高级"功能了。

首先，需要设置条件，在 Excel 的 J1 位置创建以下表格。

区域	数量
北京	>800
上海	>900

表格中的第一行为列名，文字必须与原数据表中相同，否则 Excel 无法匹配到相关列。

第二行，表示地区是北京，且数量大于 800。第三行表示地区是上海，且数量 >900。第二行和第三行的关系是"或"。

"且"的关系表示多个条件需要同时满足。"或"的关系表示只要在多个条件中满足其中一个。本书案例的意义是：某个产品是北京的且数量大于 800，或者某个产品在上海且数量大于 900，这两个条件满足其中一个即可。

定义完条件后，就需要由 Excel 来应用这些条件从源数据中筛选了。单击"数据"选项卡中的"高级"按钮。

在弹出的对话框中，选择"将筛选结果复制到其他位置"选项，表示最终结果会在新的区域显示；单击"列表区域"文本框，然后按"Ctrl+A"组合键选择所用表格数据；"条件区域"文本框直接选择刚才已定义的 J1:K3 单元格区域；在"复

制到"文本框,单击 J5 单元格,最终单击"确定"按钮。

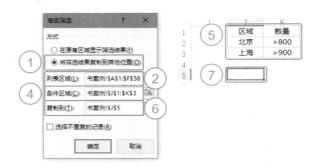

订购日期	区域	类别	数量	成本	销售金额
2020/1/24	北京	彩盒	348	97,749.58	123,863.07
2020/2/13	北京	彩盒	250	19,814.79	27,651.58
2020/3/16	北京	彩盒	90	36,850.45	40,412.48
2020/3/21	北京	彩盒	550	88,869.47	126,481.42
2020/3/21	北京	彩盒	157	7,580.00	10,831.41
2020/3/21	北京	彩盒	18	1,510.23	2,723.99
2020/3/23	北京	彩盒	110	81,133.06	88,047.39
2020/4/28	北京	彩盒	300	64,904.99	65,740.66
2020/5/25	北京	彩盒	350	52,462.78	60,392.10

③ Ctrl+A 全选数据

Excel 会将符合条件的结果显示在 J5 单元格。最终数据中会包含"#",但不用担心,这代表"单元格太小,放不下全部数据",此时选中 J:O 列。双击任意竖线位置,即可快速实现自动列宽。

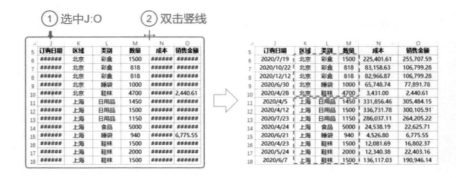

查看最终结果可以发现，Excel 从大量数据中找到了符合复杂条件的所有数据："区域是北京的且数量大于 800，或者区域是上海且数量大于 900"。

如果需要满足更复杂的条件，只需要在条件设计时，制作更多的行或列即可。如下所示，筛选的是北京的产品中数量大于 800 的彩盒，或上海的产品中数量大于 900 的鞋袜，或深圳的产品中数量大于 600 的食品。

区域	类别	数量
北京	彩盒	>800
上海	鞋袜	>900
深圳	食品	>600

🔒 专栏：筛选的结果不一定可信！

Excel 完成的筛选结果一定可信吗？我们来做一个实验。

在上一操作中，J5:O18 区域储存了"区域是北京的且数量大于 800，或者区域是上海且数量大于 900"的数据，结果有 13 条。

	J	K	L	M	N	O
5	订购日期	区域	类别	数量	成本	销售金额
6	2020/7/19	北京	彩盒	1500	225,401.61	255,707.59
7	2020/10/22	北京	彩盒	818	83,158.63	106,799.28
8	2020/12/12	北京	彩盒	818	82,966.87	106,799.28
9	2020/6/30	北京	睡袋	1000	65,748.74	77,891.78
10	2020/4/28	北京	鞋袜	4700	-3,431.00	2,440.61
11	2020/4/5	上海	日用品	1450	331,856.46	305,484.15
12	2020/4/12	上海	日用品	1500	336,731.78	300,105.91
13	2020/7/23	上海	日用品	1150	286,037.11	264,205.22
14	2020/4/24	上海	食品	5000	24,538.19	22,625.71
15	2020/6/21	上海	睡袋	940	4,526.80	6,775.55
16	2020/4/23	上海	鞋袜	1500	12,081.69	16,802.37
17	2020/5/24	上海	鞋袜	2000	12,340.38	22,403.16
18	2020/6/7	上海	鞋袜	1500	136,117.03	190,946.14

13条

将数据表 D2 单元格的"348"手动修改为"34800"后，发现储存了"区域是北京的且数量大于 800，或者区域是上海且数量大于 900"的区域 J5:O18，仍然是 13 条数据，没有发生改变。

第 2 行数据，修改前的区域是北京，数量是 348，不满足条件；但是将数量修改为 34800 后，满足了"区域是北京的且数量大于 800"的条件，在逻辑上筛选结果应该会多一条，但是 Excel 的筛选结果并没有发生改变。

这是因为 Excel 的筛选是基于当前数据的，它并不像公式一样会实时改变，即源数据发生改变，筛选结果不会随之马上修改。

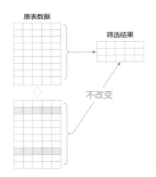

这也就意味着，一个 Excel 的筛选结果，有可能是来源于之前的数据，不一定是可信的。因此，为了确保准确性，必须当场重新操作一次才能得到最新的筛选结果。

注意，为了能够让后文的操作不出现错误，我们这里需要将修改的数据重新改为原数据。

03

极简的分析工具
——做好 Excel 数据分析，升职加薪指日可待

通过排序和筛选，可以快速对数据进行基本处理。接下来就要准备对大量数据进行分析了。只有将密密麻麻的数据分析出可以帮助决策的信息，才能让你的工作有价值，进而实现升职加薪。

3.1 数据分析的 3 个步骤："分类""统计""对比"

　　成百上千行的大量数据，我们往往无法直接进行分析，因为数据的关系太复杂，无法找到隐藏在这些杂乱数据背后的内在规律。只有将原有的数据量降低，变成十几行甚至几行，我们才有可能一目了然地解读数据并进行分析。

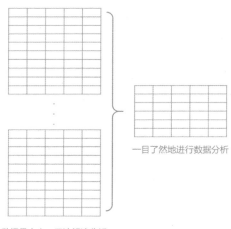

一目了然地进行数据分析

数据量太大，无法解读分析

3.1.1 "分类"是数据分析的第一步

　　如何将数据量降低呢？首选方法就是"分类"，把具有相同特征的数据归到同一类别中，这样就可以快速降低数据总量，从而进行数据分析了。

扫 描 后 观 看
视 频 教 程

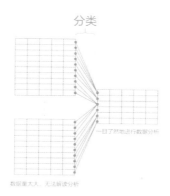

看似简单的两个字"分类"，却包含着无限种可能：根据什么指标分类呢？也就是说，哪几行数据合并成一行数据？

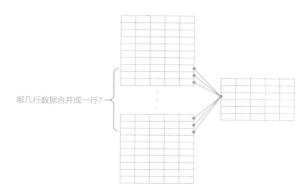

例如本书案例，有 6 列，包括"订购日期""区域""类别""数量""成本""销售金额"，共有 588 行数据。

订购日期	区域	类别	数量	成本	销售金额

588行

如果按照"订购日期"分类，既可以按照月份分成 12 类，也可以分成"第一季度""第二季度""第三季度""第四季度"4 类，还可以分成"上半年"和"下半年"2 类。

订购日期	区域	类别	数量	成本	销售金额
1月					
2月					
3月					
4月					
5月					
6月					
7月					
8月					
9月					
10月					
11月					
12月					

12类

订购日期	区域	类别	数量	成本	销售金额
第一季度					
第二季度					
第三季度					
第四季度					

4类

订购日期	区域	类别	数量	成本	销售金额
上半年					
下半年					

2类

如果按照"区域"分类，可以分成"北京""上海""广州""深圳""武汉"5 类。

订购日期	区域	类别	数量	成本	销售金额
	北京				
	上海				
	广州				
	深圳				
	武汉				

5类

如果按照"类别"分类，可以分成"彩盒""服装""日用品""食品""睡袋""鞋袜"6 类。

	订购日期	区域	类别	数量	成本	销售金额
6类			彩盒			
			服装			
			日用品			
			食品			
			睡袋			
			鞋袜			

如果按照"数量"分类，既可以分成"0-500""500-1000""1000-1500""1500 以上"4 类，也可以分成"1000 以下"和"1000 以上"2 类。

	订购日期	区域	类别	数量	成本	销售金额
4类				0-500		
				500-1000		
				1000-1500		
				1500以上		

	订购日期	区域	类别	数量	成本	销售金额
2类				1000以上		
				1000以下		

如果按照"成本"分类，既可以分成"0-20000""20000-40000""40000-60000""60000-80000""80000 以上"5 类，也可以分成"0-30000""30000-60000""60000 以上"3 类。

	订购日期	区域	类别	数量	成本	销售金额
5类					0-20000	
					20000-40000	
					40000-60000	
					60000-80000	
					80000以上	

	订购日期	区域	类别	数量	成本	销售金额
3类					0-30000	
					30000-60000	
					60000以上	

如果按照"销售金额"分类，既可以分成"0-25000""25000-50000""50000-75000""75000 以上"4 类，也可以分成"50000 以下"和"50000 以上"2 类。

订购日期	区域	类别	数量	成本	销售金额
					0-25000
					25000-50000
					50000-75000
					75000以上

4类

订购日期	区域	类别	数量	成本	销售金额
					50000以上
					50000以下

2类

除了直接按照列名来分类外，还可以组合分类。例如按照"区域"和"订购日期"分类，可以分为"北京上半年""北京下半年""上海上半年""上海下半年""广州上半年""广州下半年""深圳上半年""深圳下半年""武汉上半年""武汉下半年"10 类。

订购日期	区域	类别	数量	成本	销售金额
上半年	北京				
下半年	北京				
上半年	上海				
下半年	上海				
上半年	广州				
下半年	广州				
上半年	深圳				
下半年	深圳				
上半年	武汉				
下半年	武汉				

10类

以上各种分类方法，都可以将 588 行数据压缩至十几行，甚至是几行，这样就可以对数据进行快速解读。你也许会觉得很混乱，心中一直在想："这么多分类方法，我到底该使用哪几种？"这样的担心普遍存在于许许多多职场人士中，而本书下面就将循序渐进地告诉你常见的分类方法和数据分析手段。

3.1.2 "统计"是数据分析的第二步

通过"分类"将数据量压缩后，接下来就是对需要分析的数据进行"统计"了。

可以根据"订购日期"的 4 个分类，统计"销售金额"的求和，

扫描后观看
视频教程

以便分析每个季度有多少销售额。

订购日期	区域	类别	数量	成本	销售金额
第一季度					求和
第二季度					求和
第三季度					求和
第四季度					求和

可以根据"区域"的 5 个分类，统计"成本"的最大值以便分析每个区域的最大成本是多少。

订购日期	区域	类别	数量	成本	销售金额
	北京			最大值	
	上海			最大值	
	广州			最大值	
	深圳			最大值	
	武汉			最大值	

可以根据"类别"的 6 个分类，统计"销售金额"的最小值，以便分析各类别的最小销售额情况。

订购日期	区域	类别	数量	成本	销售金额
		彩盒			最小值
		服装			最小值
		日用品			最小值
		食品			最小值
		睡袋			最小值
		鞋袜			最小值

可以根据"成本"的 5 个分类，统计"销售金额"的求和，以便分析不同成本下的销售情况。

订购日期	区域	类别	数量	成本	销售金额
				0-20000	求和
				20000-40000	求和
				40000-60000	求和
				60000-80000	求和
				80000以上	求和

可以根据"销售金额"的 4 个分类，统计"订购日期"的计数（计算个数），以便分析不同销售额下有多少笔订单。

订购日期	区域	类别	数量	成本	销售金额
计数					0-25000
计数					25000-50000
计数					50000-75000
计数					75000以上

在第一步 "分类"的基础上，再对某个列进行"统计"，就可以得出一些基本的数据分析结果了。常用的统计方式包括 5 种："求和""计数""最大值""最小值""平均值"。

Excel 提供的其他统计方式，如"总体方差"和"标准偏差"等并不常用，一般无需强记。

3.1.3 "对比"是数据分析的第三步，也是本质

完成了"分类"和"统计"后，就可以进行数据分析了。数据分析的核心是什么呢？请看下图。

订购日期	区域	类别	数量	成本	销售金额
第一季度					求和：100000

上图只有一行数据，很明确地表示了第一季度的销售金额总和为 100000 元，但除了这个直观的数据，根本无法进行数据分析了。再看下图。

订购日期	区域	类别	数量	成本	销售金额
第一季度					求和：100000
第二季度					求和：200000
第三季度					求和：250000
第四季度					求和：300000

上图有 4 行数据，除了直观的各季度销售金额外，可以得出一些数据分析的结果：第四季度销售金额最高，是第一季度销售金额的 3 倍。此时你开始有了数据分析的一些思路：为什么第四季度最高？为什么第一季度最低？然后你就会有意识地去寻找其他数据。例如上一年度的销售数据。

2019年度

订购日期	区域	类别	数量	成本	销售金额
第一季度					求和：200000
第二季度					求和：250000
第三季度					求和：350000
第四季度					求和：300000

2020年度

订购日期	区域	类别	数量	成本	销售金额
第一季度					求和：100000
第二季度					求和：200000
第三季度					求和：250000
第四季度					求和：300000

上图有 2019 年度和 2020 年度两张表，除了之前数据分析的结果外，还可以看出 2020 年第一季度的销售金额有明显下滑，第四季度保持平稳。你的数据分析思路开始清晰：为什么第一季度会有那么大的下滑？为什么第四季度的销售能够保持平稳？有经验的分析人员会有意识地寻找在这两年的不同季度中到底做了什么，是因为市场的原因？公司销售人员调动？销售培训普及？年底的业绩提成提高？

现在停止对这个案例的思考，它只是我们数据分析的一个缩影，我们现在要思考的是："我们是如何进行数据分析的？"

当只有一条数据时，我们无法进行数据分析，当数据超过一条时，它就可以体现出当前的"现状"，我们可以从中寻找各个数据间的关系，"对比"数据间的差距，然后去寻找造成当前"现状"的"原因"。如果再深入"对比"各数据，就可以给下一个季度或明年做预测，得出"趋势"。

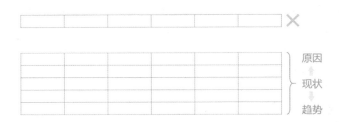

　　数据越多，可"对比"的角度也就越多，能够得出的数据分析结果也就越详细。所以，"对比"是数据分析的本质。

　　上述案例就是先在 2020 年度，对比各个季度的数据，然后针对同一季度数据，对比 2019 年度和 2020 年度的值。

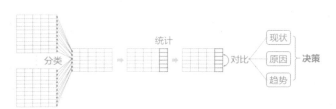

3.1.4 数据分析的完整流程

　　此时，你已经基本掌握了数据分析的整个流程。

扫 描 后 观 看
视 频 教 程

　　首先对一大堆数据通过"分类"压缩数据量，然后对其中某列进行"统计"，并进行数据的"对比"，然后分析得出当前的"现状"如何？是什么"原因"导致了现状？如果不改变，将来的"趋势"会怎样？通过这一系列的思考，可以做出怎样的决策，能够让公司变得更好？

　　在整个数据分析的过程中，难点在于以下 3 个方面。

　　（1）数据按照哪列进行"分类"？

　　（2）"统计"哪列数据？

　　（3）"对比"哪些数据？

　　本书将会围绕这 3 个难点进行详细讲解。而在整个数据分析的过程中，Excel 所扮演的角色只是一个执行者：你告诉 Excel 数据按照哪列进行"分类"，它会去执行，把上千行数据变成几行；你告诉 Excel 数据"统计"哪列数据，它会去执行，把你要的数据进行求和或计数等，然后使用各种排序或图表的手段，帮助你进行数据的"对比"。

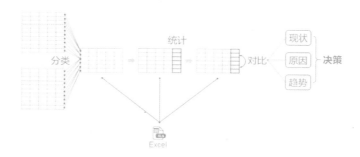

3.2 简单数据用"分类汇总"实现快速分析

　　在本书案例的 588 条数据中，需要比较本公司产品的平均销售金额，来对下一步的产品市场营销做决策支撑。

　　如下图所示，将 588 条数据按照"类别"列，"分类"成 6 行，"统计"每个类别的销售金额平均值，并在最后一行计算总平均值。

订购日期	区域	类别	数量	成本	销售金额
		彩盒 平均值			30,830.80
		服装 平均值			22,928.64
		日用品 平均值			34,801.70
		食品 平均值			20,120.65
		睡袋 平均值			21,673.51
		鞋袜 平均值			17,190.35
		总计平均值			23,913.59

如何使用 Excel 在一分钟内获得以上结果呢？

扫 描 后 观 看
视 频 教 程

3.2.1　使用分类汇总 1 分钟完成数据分析

　　首先，单击源数据表格中的任意单元格（这样 Excel 就会自动选择全部表数据），然后单击"数据"选项卡中的"分类汇总"按钮。

　　在"分类字段"下拉列表框中选择"类别"，在汇总方式下拉列表框中选择"平均值"，在"选定汇总项"复选框中仅勾选"销售金额"，然后单击"确定"按钮。

Excel 中的"分类字段"选项需要我们告诉它这 588 行数据需要按照哪列"分类"，"选定汇总项"就是告诉 Excel 需要"统计"哪列数据，"汇总方式"就是告诉 Excel 按照何种方式进行"统计"。

观察最终的结果，在行标题的左侧多出了三个按钮"1""2""3"。默认是"3"的状态，代表所有数据都展开；"2"代表将各组收缩；"1"代表全部收缩为一行。单击"2"按钮查看结果。

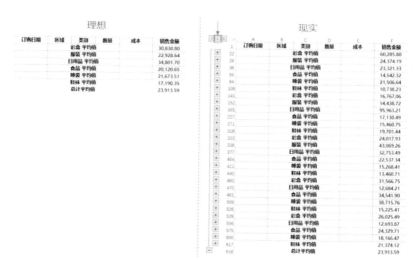

理想是最终结果只有 7 行数据，而现实是出现了很多行，理想和现实为什么差距那么大呢？

仔细观察后发现，Excel 的"分类汇总"功能所做的是根据原始数据的"类别"一列，按照原来的顺序合并同类项。由于原先"类别"一列的数据没有排序，都是混乱的，所以"分类汇总"后的数据还是混乱的。

为了让数据准确，每次在进行"分类汇总"前都要做一件事："排序"。

此时有经验的人士可能会下意识地选择"撤销",或者按下"Ctrl+Z"组合键。我并不建议在 Excel 中使用"撤销"功能,因为在按"Ctrl+Z"组合键进行撤销时,可能会多按了几下,从而不知道撤销了几步或修改了哪些地方。Excel 的数据较多,而且非常重要,一旦在不知不觉间修改了一些数据,后果就会非常严重。

所以此时单击"数据"选项卡上的"分类汇总"按钮,在"分类汇总"对话框中单击"全部删除"按钮,即可删除所有的分类汇总。

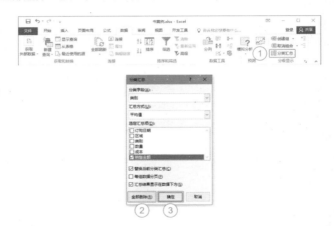

下面我们先使用"数据"选项卡中的"排序"按钮,将"类别"进行"升序"排列。

然后将前面"分类汇总"的步骤重新操作一次，单击"数据"选项卡中的"分类汇总"按钮，原先的设置依旧还在，直接单击"确定"按钮即可。

此时单击左上角的"2"按钮，得到下图所示的结果。

		A	B	C	D	E	F
	1	订购日期	区域	类别	数量	成本	销售金额
+	99			彩盒 平均值			30,830.80
+	117			服装 平均值			22,928.64
+	202			日用品 平均值			34,801.70
+	336			食品 平均值			20,120.65
+	485			睡袋 平均值			21,673.51
+	595			鞋袜 平均值			17,190.35
−	596			总计平均值			23,913.59

此时 Excel 展示了 6 个不同类别的销售金额平均值，在每个数据左侧还有"+"。"+"代表所有的数据都被收缩起来了，单击"彩盒"左侧的"+"，可以展开"彩盒"的所有数据。

		A	B	C	D	E	F
	1	订购日期	区域	类别	数量	成本	销售金额
+	99			彩盒 平均值			30,830.80
+	117			服装 平均值			22,928.64
+	202			日用品 平均值			34,801.70
+	336			食品 平均值			20,120.65
+	485			睡袋 平均值			21,673.51
+	596			鞋袜 平均值			17,190.35
−	596			总计平均值			23,913.59

		A	B	C	D	E	F
	90	2020/4/28	武汉	彩盒	7	444.10	2,092.42
	91	2020/5/25	武汉	彩盒	18	5,661.21	11,016.83
	92	2020/6/18	武汉	彩盒	20	6,292.79	12,240.92
	93	2020/6/27	武汉	彩盒	500	26,956.64	36,818.02
	94	2020/7/19	武汉	彩盒	1000	101,136.26	122,596.59
	95	2020/8/22	武汉	彩盒	300	33,339.93	39,636.96
	96	2020/9/18	武汉	彩盒	250	20,107.08	27,662.32
	97	2020/10/22	武汉	彩盒	200	11,241.18	13,946.34
	98	2020/12/12	武汉	彩盒	300	33,965.67	36,474.44
−	99			彩盒 平均值			30,830.80

其实 Excel 的"分类汇总"是基于"分组"功能，将同一"分类"的数据作为

一组并进行计算的，可以通过"+"和"-"按钮来展开和收缩数据。

3.2.2 把 12345 显示成 1.2 万

扫 描 后 观 看
视 频 教 程

在对上一操作的结果进行对比分析前，我们发现小数点后的数据对分析结果没有任何帮助，反而会分散我们的注意力，于是需要先将小数点删除。

选中销售金额下需要去除小数位的数据，然后在"开始"选项卡中单击"减少小数位"按钮两次，即可删除小数。

这样的数据已经不会浪费我们的大量精力了，还可以使用以下方法来让大额数据显示得更精炼。

订购日期	区域	类别	数量	成本	销售金额
		彩盒 平均值			3.1万
		服装 平均值			2.3万
		日用品 平均值			3.5万
		食品 平均值			2.0万
		睡袋 平均值			2.2万
		鞋袜 平均值			1.7万
		总计平均值			2.4万

直接将数据单位显示为"万"，可以最大限度地将数据简化，如何操作呢？首先选中需要修改格式的数字，在开始选项卡中单击数字格式中的"其他数字格式"命令。

在弹出的对话框中，选择"自定义"命令，在"类型"文本框中输入"0!.0,万"，然后单击"确定"按钮。

这种方式会将数据进行四舍五入，显示到单位"万"。以下列举了常用的精炼显示方式的代码，只要将这些代码输入到自定义类型中，即可获得相应的结果。

原始数据	结果数据	使用代码
12345	1.2 万	0!.0, 万
12345	12.3 千	0.0, 千
12345	12 千	0, 千

3.2.3 一张图告诉你制定决策的思路

Excel 帮助我们完成了数据的"分类"和"统计"，并将数据显示得更精炼，接下来就要进行"对比"，实现数据分析，从而制定决策了。

扫描后观看
视频教程

制定决策的思路就是 3 个分类：现状、原因和趋势。

1. 现状

通过下图可以看到日用品的销售金额数据最高，而鞋袜的销售金额最低。

订购日期	区域	类别	数量	成本	销售金额	
		彩盒 平均值			3.1万	
		服装 平均值			2.3万	
		日用品 平均值			3.5万	最高
		食品 平均值			2.0万	
		睡袋 平均值			2.2万	
		鞋袜 平均值			1.7万	最低
		总计平均值			2.4万	

配合利润分析和销售额分析，就能得出决策：将"日用品"作为公司明年的主打产品，全部销售人员与营销方案都围绕"日用品"展开；如果公司人员不足，可以直接取消"鞋袜"这个产品。

订购日期	区域	类别	数量	成本	销售金额	
		彩盒 平均值			3.1万	
		服装 平均值			2.3万	
		日用品 平均值			3.5万	最高 ✓
		食品 平均值			2.0万	
		睡袋 平均值			2.2万	
		鞋袜 平均值			1.7万	最低 ✗
		总计平均值			2.4万	

2. 原因

在"现状"的基础上思考，为什么日用品最高？为什么鞋袜最低？从而进一步寻找造成当前现状的原因。是因为销售人员数量少？营销推广力度弱？市场渠道数量少？或者其他可能的原因。

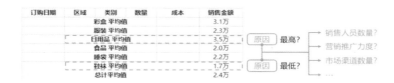

相对应的决策就是：一方面，将促使日用品成为销售金额最高的原因，复制给其他产品（例如日用品销售额最高的原因是营销策略比较好，那就让其他产品也使用"日用品"的营销策略）；另一方面，弥补导致鞋袜销售金额最低的不足（例如鞋袜成为销售金额最低的原因是市场渠道不足，那就增加其市场渠道的数量）。

订购日期	区域	类别	数量	成本	销售金额
		彩盒 平均值			3.1万
		服装 平均值			2.3万
		日用品 平均值			3.5万
		食品 平均值			2.0万
		睡袋 平均值			2.2万
		鞋袜 平均值			1.7万
		总计 平均值			2.4万

原因 最高?　复制

订购日期	区域	类别	数量	成本	销售金额
		彩盒 平均值			3.1万
		服装 平均值			2.3万
		日用品 平均值			3.5万
		食品 平均值			2.0万
		睡袋 平均值			2.2万
		鞋袜 平均值			1.7万
		总计 平均值			2.4万

原因 最低?　弥补

3. 趋势

由于分类汇总无法对日期进行分组，所以得到的数据结果会超过百行，无法进行趋势分析，这可以利用后面将要介绍的数据透视表进行趋势分析。

订购日期	区域	类别	数量	成本	销售金额
2020/1/24	北京	彩盒	348	97,749.58	12.4万
2020/1/24 平均值					12.4万
2020/2/13	北京	彩盒	250	19,814.79	2.8万
2020/2/13 平均值					2.8万
2020/3/16	北京	彩盒	90	36,850.45	4.0万
2020/3/16 平均值					4.0万
2020/3/21	北京	彩盒	550	88,869.47	12.6万
2020/3/21	北京	彩盒	157	7,580.00	1.1万
2020/3/21	北京	彩盒	18	1,510.23	0.3万
2020/3/21 平均值					4.7万
2020/3/23	北京	彩盒	110	81,133.06	8.8万
2020/3/23 平均值					8.8万
2020/4/28	北京	彩盒	300	64,904.99	6.6万
2020/4/28 平均值					6.6万
2020/5/25	北京	彩盒	350	52,462.78	6.0万
2020/5/25 平均值					6.0万
2020/6/18	北京	彩盒	200	31,731.54	3.7万

数据太多无法分析

　　通过以上操作我们发现，在完成数据的"分类"和"统计"后，需要对数据进行"对比"分析，从而制定决策。这个制定决策的思路如下。

　　第一步：通过"对比"，找出差异，通常是最大值和最小值。

　　第二步：通过这些差异，找到"现状"、形成这些"现状"的"原因"，以及未来发展的趋势。

　　第三步：根据"现状""原因"和"趋势"，分别采取不同的策略。这些策略共有 3 种。

　　（1）优胜劣汰：采用最大值而淘汰最小值。

　　（2）扬长补短：将促成"现状"的好"原因"发扬光大，弥补不好的"原因"。

　　（3）未雨绸缪：为将来更好的发展或规避风险而制定决策。

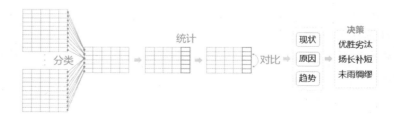

🔒 专栏：分类汇总的结果如何复制给上司看

为了能够让更多的人看到这些分类汇总的结果，通常需要将其打印出来，以便讨论和分析。

虽然可以直接单击打印按钮将当前页打印出来，但大部分情况下，我们会将这个分类汇总的结果复制到另一张表中，做一些设计或删除某些不需要讨论的数据。

本案例就需要将分类汇总的结果复制到 A600 单元格中。选中分类汇总的结果，按"Ctrl+C"组合键，然后单击 A600 单元格，按"Ctrl+V"组合键。这一非常自然的操作，结果却让人目瞪口呆。

订购日期	区域	类别	数量	成本	销售金额
		彩盒 平均值			3.1万
		服装 平均值			2.3万
		日用品 平均值			3.5万
		食品 平均值			2.0万
		睡袋 平均值			2.2万
		鞋袜 平均值			1.7万
		总计 平均值			2.4万

Ctrl+C

Ctrl+V

订购日期	区域	类别	数量	成本	销售金额
2020/1/24	北京	彩盒	348	97,749.58	123,863.07
2020/2/13	北京	彩盒	250	19,814.79	27,651.58
2020/3/16	北京	彩盒	90	36,850.45	40,412.48
2020/3/21	北京	彩盒	550	88,869.47	126,481.42
2020/3/21	北京	彩盒	157	7,580.00	10,831.41
2020/3/21	北京	彩盒	18	1,510.23	2,723.99
2020/3/23	北京	彩盒	110	81,133.06	88,047.39
2020/4/28	北京	彩盒	300	64,904.99	65,740.66
2020/5/25	北京	彩盒	350	52,462.78	60,392.10

A600 单元格显示的数据并不是分类汇总的结果，而是原来的全部数据，这是为什么呢？"分类汇总"是基于 Excel 的分组，而在进行复制时，会将各个小组内的数据全部复制，所以才会导致这种情况。

如何才能仅复制分类汇总的结果呢？首先，清除之前的错误数据。选中 A600 表格中的任意单元格，按"Ctrl+A"

组合键全选数据，然后按"Delete"键删除数据。

① Ctrl+A

订购日期	区域	类别	数量	成本	销售金额
2020/1/24	北京	彩盒	348	97,749.58	123,863.07
2020/2/13	北京	彩盒	250	19,814.79	27,651.58
2020/3/16	北京	彩盒	90	36,850.45	40,412.48
2020/3/21	北京	彩盒	550	88,869.47	126,481.42
2020/3/21	北京	彩盒	157	7,580.00	10,831.41
2020/3/21	北京	彩盒	18	1,510.23	2,723.99
2020/3/23	北京	彩盒	110	81,133.06	88,047.39
2020/4/28	北京	彩盒	300	64,904.99	65,740.66
2020/5/25	北京	彩盒	350	52,462.78	60,392.10

② Delete

重新选择分类汇总的结果，然后单击"开始"选项卡中的"查找和选择"按钮，再单击"定位条件"命令。

在"定位条件"对话框中选中"可见单元格"单选项，代表当前肉眼可以看到的数据将会被选中；而被收缩在"+"里的数据，将不会被选中。

再次按"Ctrl+C"组合键进行复制，然后在 A600 按"Ctrl+V"组合键进行粘贴。此时的结果才是我们需要的。

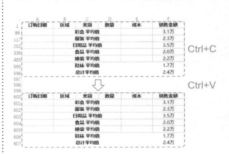

3.2.4 不要使用分类汇总显示复杂数据

上述案例只是对"类别"这一列进行了"分类"，在实际工作中，还会处理更复杂的数据。例如在本书案例中，在"类别"的基础上，再对"区域"进行分类。因为如果仅仅对 6 个类别的数据查看销售金额，对比分析的结果往往较为片面。

扫 描 后 观 看
视 频 教 程

订购日期	区域	类别	数量	成本	销售金额
	北京 平均值				6.0万
	上海 平均值				1.7万
	广州 平均值				2.4万
	深圳 平均值				3.2万
	武汉 平均值				2.6万
		彩盒 平均值			3.1万
	北京 平均值				2.4万
	上海 平均值				1.4万
	广州 平均值				4.3万
		服装 平均值			2.3万
	北京 平均值				2.3万
	上海 平均值				9.6万
	广州 平均值				3.3万
	深圳 平均值				1.3万
	武汉 平均值				1.3万
		日用品 平均值			3.5万
	北京 平均值				1.5万 ⌐ 最小值
	上海 平均值				1.7万
	广州 平均值				2.3万
	深圳 平均值				3.5万 ⌐ 最大值
	武汉 平均值				2.4万
		食品 平均值			2.0万
	北京 平均值				2.2万
	上海 平均值				1.5万
	广州 平均值				1.5万
	深圳 平均值				3.9万
	武汉 平均值				1.8万
		唇膏 平均值			2.2万
	北京 平均值				1.1万
	上海 平均值				2.0万
	广州 平均值				1.3万
	深圳 平均值				1.5万
	武汉 平均值				2.1万
		鞋袜 平均值			1.7万
		总计平均值			2.4万

如上图所示，每个类别根据区域分为更多的类。例如食品的销售金额平均值为
2.0 万，其中深圳的平均值最高（3.5 万），而北京的平均值最低（1.5 万）。此时
就可以找到相关区域的销售经理，询问为何同一款产品的销售数据会有如此大的差
别，是地域口味问题，还是销售人员问题，抑或是产品库存问题。然后使用"扬长
补短"的思路来做出数据分析的决策。

如何对分类后的数据进行再分类，做成像上图一样的复杂分类汇总，从而实现
精准的分析呢？在上一操作的基础上，再次单击"数据"选项卡中的"分类汇总"按钮。

将"分类字段"设置为"区域"，取消选中"替换当前分类汇总"复选框。也
就意味着，使用 Excel 创建分类汇总时，默认情况是覆盖上一次的分类汇总结果，
而我们现在需要在上一个 "类别"的基础上，再对"区域"进行分类汇总。最后
单击"确定"按钮。

结果中有部分数据不够精简，我们需要将所有的销售金额都显示为精简的显示格式。

单击数字选项卡中的"数字格式"按钮，选择"其他数字格式"命令。

在弹出的窗口中单击"自定义"命令，单击之前已经定义的"0!.0,万"，然后单击"确定"按钮。

在显示结果的左上角有"1234"，"1"代表查看所有数据的销售金额总平均值；"2"代表将"1"的数据展开，查看各个类别的销售金额平均值；"3"代表将"2"的数据展开，查看每个类别下，每个区域的销售金额平均值；"4"代表将所有数据全部展开。

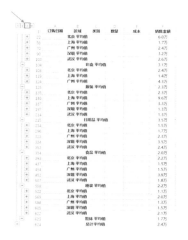

该分类汇总使用了 2 列"类别"和"区域"来进行分类，这种较为复杂的方式可以帮助我们获得更加准确的数据分析结果，但是它却违背了我们数据分析第一步"分类"的初衷：减少数据量。

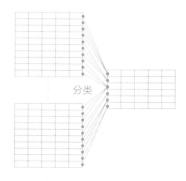

查看复杂分类汇总的结果，有 35 行数据，对这样多的数据进行分析会耗费你大量的精力，变成了"让你去迁就 Excel，而不是让 Excel 来成就你"。

所以在需要对 2 列数据进行"分类"时,不推荐使用"分类汇总",而是使用"数据透视表"。

为了能够让后续的数据分析顺利展开,此处需要清除该复杂分类汇总的结果。单击"数据"选项卡,再单击"分类汇总"按钮,在弹出的窗口中单击"全部删除",最后单击"确定"按钮。

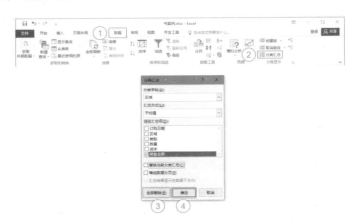

3.3 用"数据透视表"对复杂数据实现准确挖掘

使用分类汇总,将两个列作为"分类"的依据时,结果的数量会很多,不易于数据的对比和分析。但使用数据透视表来完成对两列数据的"分类",结果却非常易于解读。

扫描后观看
视频教程

平均销售额	类别						
区域	彩盒	服装	日用品	食品	睡装	鞋林	总计
北京	6.0万	2.4万	2.3万	1.5万	2.2万	1.1万	2.7万
上海	1.7万	1.4万	9.6万	1.7万	1.5万	2.0万	2.2万
广州	2.4万	4.3万	3.3万	2.3万	1.5万	1.3万	2.4万
深圳	3.2万		1.3万	3.5万	3.9万	1.5万	2.9万
武汉	2.6万		1.3万	2.4万	1.8万	2.1万	2.0万
总计	3.1万	2.3万	3.5万	2.0万	2.2万	1.7万	2.4万

如上图所示，首先从功能上看，它与复杂分类汇总一致，使用了"区域"和"类别"两个列来对 588 行数据"分类"，并统计了"销售额"的平均值。

其次从外观上看，结果的行数非常少，加上表头和总计，共 8 行，可以进行一目了然的"对比"和分析。也就是说，在对大量数据进行复杂"分类"时，数据透视表完胜分类汇总。

你可以通过数据透视表对"北京"地区的各产品数据进行快速"对比"，找到销售均单最大的是"彩盒"，最小的是"鞋袜"，从而进行数据分析，使用"扬长补短"的决策。

平均销售额	类别						
区域	彩盒	服装	日用品	食品	睡袋	鞋袜	总计
北京	6.0万	2.4万	2.3万	1.5万	2.2万	1.1万	2.7万
上海	1.7万	1.4万	9.6万	1.7万	1.5万	2.0万	2.2万
广州	2.4万	4.3万	3.3万	2.3万	1.5万	1.3万	2.4万
深圳	3.2万		1.3万	3.5万	3.9万	1.5万	2.9万
武汉	2.6万		1.3万	2.4万	1.8万	2.1万	2.0万
总计	3.1万	2.3万	3.5万	2.0万	2.2万	1.7万	2.4万

你也可以通过数据透视表对"食品"在各个区域的销售情况进行快速"对比"，找到销售均单最大的在深圳，最小的在北京，从而进行数据分析，使用"扬长补短"的决策。

平均销售额	类别						
区域	彩盒	服装	日用品	食品	睡袋	鞋袜	总计
北京	6.0万	2.4万	2.3万	1.5万	2.2万	1.1万	2.7万
上海	1.7万	1.4万	9.6万	1.7万	1.5万	2.0万	2.2万
广州	2.4万	4.3万	3.3万	2.3万	1.5万	1.3万	2.4万
深圳	3.2万		1.3万	3.5万	3.9万	1.5万	2.9万
武汉	2.6万		1.3万	2.4万	1.8万	2.1万	2.0万
总计	3.1万	2.3万	3.5万	2.0万	2.2万	1.7万	2.4万

3.3.1　可视化的数据透视表制作只需要"拖"

如何快速做出一个这样的数据透视表呢？

首先，单击表格数据的任意单元格（这样稍后就会自动选择本表数据了），单击"插入"选项卡的"数据透视表"按钮。

在弹出的对话框中，由于之前单击了表格中的数据，所以"表/区域"已经自动选择了，此时单击"现有工作表"选项，告诉 Excel，新建的数据透视表就放在当前工作表中，然后将位置指定为"H20"，最终单击"确定"按钮。

在 Office 2007 版本之后，数据透视表被更新为更专业的视图，这也就意味着所有的数据必须在右侧的"数据透视表字段"中进行拖曳和设计，有时候操作起来不太方便。

Excel 会在 H20 单元格创建一个空白的数据透视表，如下图所示。

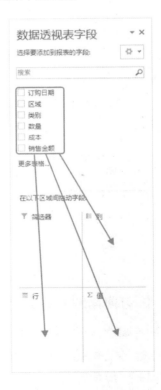

　　如果不熟悉数据透视表的工作原理，你可能需要花费很长的时间储备大量的知识和经验，才能灵活运用它；即便已经熟悉了数据透视表的创建，这个过程还是需要集中注意力思考，才能得到想要的结果。

　　本书将提供一个简单快速的方法来创建数据透视表。

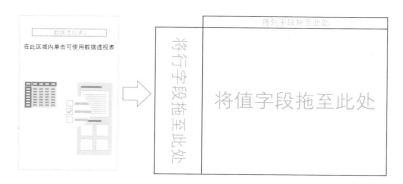

　　如上图所示，将数据透视表变成一个可以直接拖曳的区域，通过可视化的方法来将复杂的操作简单化。

　　如何完成呢？首先用鼠标右键单击数据透视表的任意位置，单击"数据透视表选项"。

　　在弹出的对话框中，选择"显示"选项卡，勾选"经典数据透视表布局（启用网格中的字段拖放）"复选框，最终单击"确定"按钮。

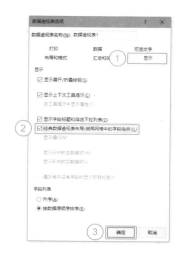

　　此时数据透视表变成了一个可以直接将数据拖曳进入的表格，无需专业知识，只要将右侧的"区域"直接拖曳至"列"，然后将"类别"拖曳至"行"，将销售金额拖曳至"值"即可。

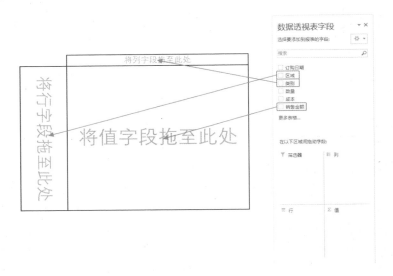

　　需要申明的是，在本书中，统一将 Excel 中的"行字段"称为"列"，因为它的形状更像一列，称它为"列"要比"行字段"更加容易辨识。同样的，将"列字段"称为"行"，"值字段"称为"值"。

此时，通过简单的鼠标拖曳操作就可以完成一个数据透视表。随后，就可以通过数据透视表的左上角来查看当前对销售金额的统计方式。由于 Excel 不同版本的默认统计方式不同，所以显示的可能是"计数项"或者"求和"，在下一个操作将介绍如何快速修改数据透视表的统计方式。

求和项:销售金额	类别						
区域	彩盒	服装	日用品	食品	睡袋	鞋袜	总计
北京	1205716.067	73122.57993	209891.9448	261761.7577	81725.3028	139596.942	2707341.594
上海	536545.9882	144387.229	1151558.539	1044959.883	664812.2081	906266.0989	4448529.946
广州	336250.9541	172277.0387	1244632.496	585970.931	244294.5548	242292.8648	2825718.839
深圳	599768.2089		114157.8997	345419.0158	1045325.599	243606.6067	2348277.33
武汉	312305.9111		203101.9677	437934.8145	435995.3911	341985.8428	1731323.927
总计	2990587.129	389786.8476	2923342.847	2676046.402	3207680.056	1873748.355	14061191.64

🔆 专栏：什么样的表格才能用于制作"数据透视表"

数据透视表的优势非常明显，它操作简单，而且结果非常利于分析。不过它对原始数据表有以下 3 个要求。

（1）相同属性的数据在同一列。

数据的各个属性以列存放，这是数据透视表进行计算的最基本要求。

扫描后观看
视频教程

	区域	类别	数量
产品1	上海	彩盒	100
产品2	北京	服装	200
产品3	北京	食品	300

	产品1	产品2	产品3
区域	上海	北京	北京
类别	彩盒	服装	食品
数量	100	200	300

如果原始数据是将相同属性的数据放在一行中，可以使用 Excel 中的"转置"功能，将行和列互换。

首先选中需要行列互换的表格数据并复制，然后在新建的工作表中单击鼠标右键，并单击粘贴选项中的"转置"按钮，即可将行和列互换。

（2）无合并单元格。

在工作中，我们经常会采用合并单元格的方式来标记相同值，如下图所示，产品2和产品3的区域都是"北京"，因此合并成一个单元格。但是数据透视表在计算时，会把合并的单元格拆分，最终导致产品3的区域值为"空"。

	区域	类别	数量
产品1	上海	彩盒	100
产品2	北京	服装	200
产品3		食品	300
产品4	深圳	彩盒	200
产品5		服装	300
产品6		食品	300

为了能够解决这个问题，需要对这些合并过的单元格进行拆分。但在拆分后产生了很多空格，如何为这些单元格快速填充相应的区域呢？

	区域	类别	数量
产品1	上海	彩盒	100
产品2	北京	服装	200
产品3		食品	300
产品4	深圳	彩盒	200
产品5		服装	300
产品6		食品	300

	区域	类别	数量
产品1	上海	彩盒	100
产品2		服装	200
产品3		食品	300
产品4	深圳	彩盒	200
产品5		服装	300
产品6		食品	300

	区域	类别	数量
产品1	上海	彩盒	100
产品2	北京	服装	200
产品3	北京	食品	300
产品4	深圳	彩盒	200
产品5	深圳	服装	300
产品6	深圳	食品	300

如果采用一个个手动输入或复制粘贴的方式，会非常浪费精力，而且当数据较多时，很容易导致错误。这时，我们可以采用不连续空单元格批量填充数据的方法来解决问题。

打开本书素材中的《填补拆分单元格 .xlsx》文件，选中 C3:C8 区域，单击"开始"选项卡中的"定位条件"按钮，选中"空值"单选项并单击"确定"按钮。

选中了表格中的空单元格后发现，C5 区域是"北京"，C7:C8 区域是"深圳"，无法输入确定的数据。但是通过寻找这些空单元格的规律可以发现，它们都等于它们上一个单元格的值。

根据这个规律，找到当前所有选中空单元格的白色单元格 C5，它是当前所有单元格的"队长"，其他单元格是它的"队员"。C5 这个"队长"的上一个单元格是 C4，在 C5 单元格输入"=C4"，然后按"Ctrl+Enter"组合键，让作为"队员"的其他空单元格都应用该设置。

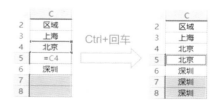

C5 单元格显示的是"=C4"，而 C4 单元格的值是"北京"，所以 C5 也显示为"北京"；C7 单元格显示的是"=C6"，而 C6 单元格的值是"深圳"，所以 C7 也显示为"深圳"；C8

单元格显示的是"=C7"，而 C7 单元格的值是"深圳"，所以 C8 也显示为"深圳"。

　　通过这种方式完成空单元格的填补后，发现 C5 显示的是"北京"，但是它的值是"=C4"。

　　这样不利于后期的数据操作，需要将它真正变成"北京"这样的文本数据。

（3）无计算行混杂。

　　在原始数据中不能有任何计算行，否则数据透视表会把这些计算行作为数据进行统计，导致结果错误。

可以使用 Excel 中的"粘贴为值"功能来解决。

　　选中 C3:C8 区域并复制，然后再单击鼠标右键，单击"粘贴为值"命令，此时所有单元格的值都是文本数据了。

扫 描 后 观 看
视 频 教 程

	区域	类别	数量
产品1	上海	彩盒	100
产品2	北京	服装	200
产品3	北京	食品	300
合计			600
产品4	上海	彩盒	200
产品5	北京	服装	400
产品6	北京	食品	200
合计			800

　　如何删除这些分散在原始数据中的计算行呢？可以使用"排序"的功能，将这些计算行集中到一起，然后进行删除。

	区域	类别	数量
产品1	上海	彩盒	100
产品2	北京	服装	200
产品3	北京	食品	300
合计			600
产品4	上海	彩盒	200
产品5	北京	服装	400
产品6	北京	食品	200
合计			800

排序 ⇒

	区域	类别	数量
产品1	上海	彩盒	100
产品2	北京	服装	200
产品3	北京	食品	300
产品4	上海	彩盒	200
产品5	北京	服装	400
产品6	北京	食品	200
合计			600
合计			800

删除

当数据符合"相同属性的数据在同一列""无合并单元格"和"无计算行混杂"的要求后，就可以进行数据透视表的操作了。

3.3.2 一键修改数据透视表的统计方式

在上一操作中，我们需要统计销售金额的平均值，如何快速修改数据透视表的统计方式呢？统计方式显示在左上角，直接双击它即可修改。

扫描后观看
视频教程

双击

求和项:销售金额	类别						
区域	彩盒	服装	日用品	食品	睡袋	鞋袜	总计
北京	1205716 067	73122 57993	209891 9448	261761 7577	817252 3028	139596 942	2707341 594
上海	536545 9882	144387 229	1151558 539	1044959 883	6648122081	906266 0989	4448529 946
广州	336250 9541	172277 0387	1244632 496	585970 931	242294 5548	242292 8648	2825718 839
深圳	599768 2089		114157 8997	345419 0158	1045325 599	243606 6067	2348277 33
武汉	312305 9111		203101 9677	437934 8145	435995 3911	341985 8428	1731323 927
总计	2990587.129	389786.8476	2923342.847	2676046.402	3207680.056	1873748.355	14061191.64

在弹出的窗口中，单击"平均值"，并将名称修改为"平均销售额"，最后单击"确定"按钮。

此时数据透视表已经完成了所有的功能：根据"区域"和"类别"将原数据的588 行进行"分类"，并"统计"了"销售金额"的平均值。接下来就是要让数据透视表的外观看上去更易于"对比"

平均销售额	类别						
区域	彩盒	服装	日用品	食品	睡袋	鞋袜	总计
北京	60285.80334	24374.19331	23321.3272	14542.31987	21506.63955	10738.22631	26805.36232
上海	16767.06213	14438.7229	95963.21159	17130.48988	15460.74903	19701.43693	21806.51934
广州	24017.92529	43069.25967	32753.48673	22537.3435	15268.40968	13460.71471	24359.64517
深圳	31566.74784		12684.21108	34541.90158	38715.76293	15225.41292	28991.07815
武汉	26025.49259		12693.87298	24329.71192	18166.47463	21374.11517	20131.67357
总计	30830.79515	22928.63809	34801.70056	20120.64964	21673.51389	17190.35188	23913.59122

3.3.3 省力地完成数据透视表的美化

数据透视表默认的数字小数位非常长，乍一看以为这些都是上亿的数字，非常不利于数据对比，需要将这些数据显示得更精简。

选中数据的数字部分，在"开始"选项卡中，单击"数字格式"中的"其他数字格式"命令。

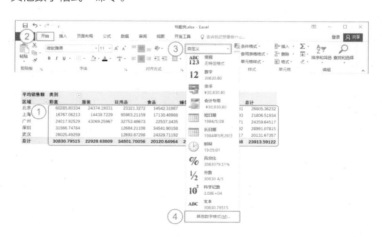

在弹出的窗口中选择"自定义"命令，并单击选择之前已经输入的"0!.0, 万"，最后单击"确定"按钮。

完成后的结果如下图所示。

平均销售额	类别						
区域	彩盒	服装	日用品	食品	睡袋	鞋袜	总计
北京	6.0万	2.4万	2.3万	1.5万	2.2万	1.1万	2.7万
上海	1.7万	1.4万	9.6万	1.7万	1.5万	2.0万	2.2万
广州	2.4万	4.3万	3.3万	2.3万	1.5万	1.3万	2.4万
深圳	3.2万		1.3万	3.5万	3.9万	1.5万	2.9万
武汉	2.6万		1.3万	2.4万	1.8万	2.1万	2.0万
总计	3.1万	2.3万	3.5万	2.0万	2.2万	1.7万	2.4万

这样的数据透视表虽然看上去已经很不错了，但还是存在如下 2 个问题。

（1）行数较多时，容易看串行。

（2）右侧行总计容易误看成普通数据。

为了规避以上 2 个问题，需要对数据透视表做以下操作。

单击数据透视表的任意单元格，单击"设计"选项卡，在"数据透视表样式"中单击第一行、第二个样式。

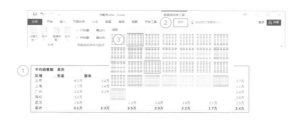

然后全选数据透视表，调整字体为"微软雅黑"，并调整列宽。

虽然数据透视表中的表格边框没有竖线，但是由于所有的数据都是居右对齐，所以不影响数据解读，此时需要将列标题也与文字一样居右显示，然后将右侧的行总计数据加粗，以便与其他数据区分开来。

平均销售额	类别						
区域	彩盒	服装	日用品	食品	睡袋	鞋袜	总计
北京	6.0万	2.4万	2.3万	1.5万	2.2万	1.1万	**2.7万**
上海	1.7万	1.4万	9.6万	1.7万	1.5万	2.0万	**2.2万**
广州	2.4万	4.3万	3.3万	2.3万	1.5万	1.3万	**2.4万**
深圳	3.2万		1.3万	3.5万	3.9万	1.5万	**2.9万**
武汉	2.6万		1.3万	2.4万	1.8万	2.1万	**2.0万**
总计	3.1万	2.3万	3.5万	2.0万	2.2万	1.7万	2.4万

3.3.4 数据透视表"透视"了什么

数据透视表可以从一大堆数据中选择多个列对数据进行"分类"，就像是可以"透视"到数据的本质一样，"数据透视表"由此得名。

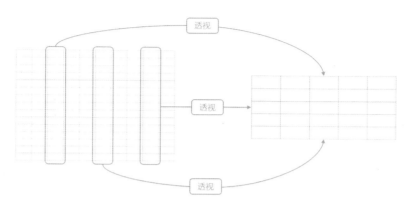

为了解决创建数据透视表的操作繁琐问题，使数据透视表的制作过程简单化，可以将数据透视表变成"经典视图"，然后采用直接拖曳的方式完成设置。

你不再需要费脑力去思考数据透视表如何制作，只需要关注对哪些列进行"分类"和"统计"，因为数据透视表和分类汇总一样，只是帮助我们完成"分类"和"统计"的操作，至于选哪几列来"分类"，对哪列数据进行"统计"，是由你来决定的。

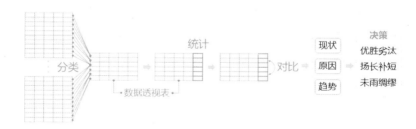

在制作数据透视表时，所有的数据都来源于"数据透视表字段"窗口。如果不小心将其关闭，可以用鼠标右键单击数据透视表的任意单元格，再单击最下方的"显示字段列表"命令即可重新打开"数据透视表字段"窗口。

3.3.5 数据透视表的详细信息在哪里

在分类汇总中，我们可以单击"+"，将"统计"数据的详细信息展开。

扫描后观看
视频教程

但在数据透视表中没有"+"，如何能够查看每个"统计"项目的详细数据呢？

双击数据透视表中的任意一个数值，Excel 会自动新建一张工作表，将该"统计"项目的详细信息罗列出来。这张工作表可以被删除，而且不会影响到原始数据。

平均销售额	类别						
区域	彩盒	服装	日用品	食品	睡袋	鞋林	总计
北京	6.0万	2.4万	2.3万	1.5万	2.2万	1.1万	2.7万
上海	1.7万	1.4万	9.6万	1.7万	1.5万	2.0万	2.2万
广州	2.4万	4.3万	3.3万	2.3万	1.5万	1.3万	2.4万
深圳	3.2万		1.3万	3.5万	3.9万	1.5万	2.9万
武汉	2.6万		1.3万	2.4万	1.8万	2.1万	2.0万
总计	3.1万	2.3万	3.5万	2.0万	2.2万	1.7万	2.4万

双击

订购日期	区域	类别	数量	成本	销售金额
2020/1/24	北京	彩盒	348	97749.6	123863.1
2020/2/13	北京	彩盒	250	19814.8	27651.58
2020/3/16	北京	彩盒	90	36850.5	40412.48
2020/3/21	北京	彩盒	550	88869.5	126481.4
2020/3/21	北京	彩盒	157	7580	10831.41
2020/3/21	北京	彩盒	18	1510.23	2723.987
2020/3/23	北京	彩盒	110	81133.1	88047.39
2020/4/28	北京	彩盒	300	64905	65740.66
2020/5/25	北京	彩盒	350	52462.8	60392.1
2020/6/18	北京	彩盒	200	31731.5	36646.23
2020/6/20	北京	彩盒	198	9776.16	11897.41
2020/6/27	北京	彩盒	152	24916.4	28178.16
2020/7/19	北京	彩盒	1500	225402	255707.6
2020/8/15	北京	彩盒	16	3333.04	6561.807
2020/8/22	北京	彩盒	250	25468.2	30767.25
2020/9/14	北京	彩盒	352	46321.6	48829.99
2020/9/18	北京	彩盒	150	16130.8	19717.75
2020/10/19	北京	彩盒	198	6409.09	7667.222
2020/10/22	北京	彩盒	818	83158.6	106799.3
2020/12/12	北京	彩盒	818	82966.9	106799.3

Sheet1　书案例　⊕

🔒 专栏：认识 Excel 对"大数据"的分析

　　"大数据"是现在非常流行的专业术语，很多人认为数据很多就是"大数据"。其实不然，"大数据"表示数据体量很大，而它的核心是在许许多多的数据中分析出对我们生活有用的决策信息。就像通过大数据分析，发电厂可以估算整个城市下个季度需要多少电，从而合理地进行发电，而不会产生浪费现象；商家可以根据你的浏览和购买记录来推送你可能需要的产品等。

"大数据"的本质不在"大",而在于"分析"并为最终决策做支撑。

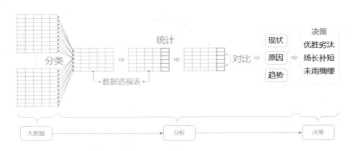

而这些正和本书所围绕的数据分析主题一致,所以当学习完本书后,你就可以真正地掌握"大数据"的本质了。

3.4 数据透视表够专业,才值得信赖

数据透视表已经能够帮助我们近乎完美地执行数据分析的前两步——"分类"和"统计"了,如果再进一步把数据透视表做得更专业,那么就可以更加获得上司和客户的信赖。

扫 描 后 观 看
视 频 教 程

3.4.1 排序时把重点对象提前

当我们在解读数据透视表时,需要将重点分析的对象放置到第一行。例如本书中各区域平均销售额的案例,重点区域是上海,所以希望第一行是上海的信息,然后顺序是北京、深圳、广州和武汉。

数据透视表默认是根据数据原来的顺序进行排序的,单击"区域"的筛选按钮,Excel 还提供了"顺序"或"降序"两种排列方式。

可是无法使用"排序"功能中的自定义序列，所以只能手动拖曳。首先单击需要拖曳的数据"上海"，此时"上海"的边框变为绿色，将鼠标指针悬停在绿色边框上，鼠标指针形状变为十字星，此时就可以将"上海"进行上下拖曳。

平均销售额	类别						
区域	彩盒	服装	日用品	食品	睡袋	鞋袜	总计
北京	6.0万	2.4万	2.3万	1.5万	2.2万	1.1万	**2.7万**
上海	1.7万	1.4万	9.6万	1.7万	1.5万	2.0万	**2.2万**
广州	2.4万	4.3万	3.3万	2.3万	1.5万	1.3万	**2.4万**
深圳	3.2万		1.3万	3.5万	3.9万	1.5万	**2.9万**
武汉	2.6万		1.3万	2.4万	1.8万	2.1万	**2.0万**
总计	**3.1万**	**2.3万**	**3.5万**	**2.0万**	**2.2万**	**1.7万**	**2.4万**

平均销售额	类别						
区域	彩盒	服装	日用品	食品	睡袋	鞋袜	总计
上海	1.7万	1.4万	9.6万	1.7万	1.5万	2.0万	**2.2万**
北京	6.0万	2.4万	2.3万	1.5万	2.2万	1.1万	**2.7万**
广州	2.4万	4.3万	3.3万	2.3万	1.5万	1.3万	**2.4万**
深圳	3.2万		1.3万	3.5万	3.9万	1.5万	**2.9万**
武汉	2.6万		1.3万	2.4万	1.8万	2.1万	**2.0万**
总计	**3.1万**	**2.3万**	**3.5万**	**2.0万**	**2.2万**	**1.7万**	**2.4万**

用同样的方法也可以拖曳列标题，例如"食品"是今年销售的重点产品，需要将"食品"放在第一列。首先单击"食品"，将鼠标指针悬停至"食品"的绿色边框处，然后再向左将其拖曳至第一个位置。

平均销售额	类别						
区域	彩盒	服装	日用品	食品	睡袋	鞋袜	总计
上海	1.7万	1.4万	9.6万	1.7万	1.5万	2.0万	**2.2万**
北京	6.0万	2.4万	2.3万	1.5万	2.2万	1.1万	**2.7万**
广州	2.4万	4.3万	3.3万	2.3万	1.5万	1.3万	**2.4万**
深圳	3.2万		1.3万	3.5万	3.9万	1.5万	**2.9万**
武汉	2.6万		1.3万	2.4万	1.8万	2.1万	**2.0万**
总计	**3.1万**	**2.3万**	**3.5万**	**2.0万**	**2.2万**	**1.7万**	**2.4万**

平均销售额	类别						
区域	食品	彩盒	服装	日用品	睡袋	鞋袜	总计
上海	1.7万	1.7万	1.4万	9.6万	1.5万	2.0万	**2.2万**
北京	1.5万	6.0万	2.4万	2.3万	2.2万	1.1万	**2.7万**
广州	2.3万	2.4万	4.3万	3.3万	1.5万	1.3万	**2.4万**
深圳	3.5万	3.2万		1.3万	3.9万	1.5万	**2.9万**
武汉	2.4万	2.6万		1.3万	1.8万	2.1万	**2.0万**
总计	**2.0万**	**3.1万**	**2.3万**	**3.5万**	**2.2万**	**1.7万**	**2.4万**

　　"拖曳"是根据个性化需求，对"区域"和"类别"的顺序进行调整。如果需要对最右侧的行总计和最下方的列总计进行排序，该如何做呢？

　　单击最右侧的行总计任意单元格，然后单击"数据"选项卡中的"降序"按钮。

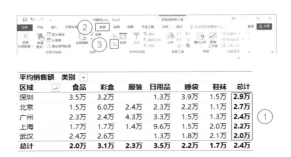

平均销售额	类别 ▼						
区域 ↓	食品	彩盒	服装	日用品	睡袋	鞋袜	总计
深圳	3.5万	3.2万		1.3万	3.9万	1.5万	2.9万
北京	1.5万	6.0万	2.4万	2.3万	2.2万	1.1万	2.7万
广州	2.3万	2.4万	4.3万	3.3万	1.5万	1.3万	2.4万
上海	1.7万	1.7万	1.4万	9.6万	1.5万	2.0万	2.2万
武汉	2.4万	2.6万		1.3万	1.8万	2.1万	2.0万
总计	2.0万	3.1万	2.3万	3.5万	2.2万	1.7万	2.4万

　　此时行总计进行了降序排列，如果要对最下方的列总计进行排序，单击列总计任意单元格，再次单击"数据"选项卡的"降序"按钮。

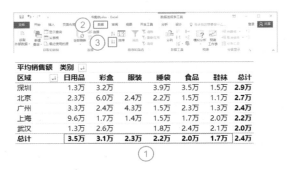

平均销售额	类别 ↓						
区域 ↓	日用品	彩盒	服装	睡袋	食品	鞋袜	总计
深圳	1.3万	3.2万		3.9万	3.5万	1.5万	2.9万
北京	2.3万	6.0万	2.4万	2.2万	1.5万	1.1万	2.7万
广州	3.3万	2.4万	4.3万	1.5万	2.3万	1.3万	2.4万
上海	9.6万	1.7万	1.4万	1.5万	1.7万	2.0万	2.2万
武汉	1.3万	2.6万		1.8万	2.4万	2.1万	2.0万
总计	3.5万	3.1万	2.3万	2.2万	2.0万	1.7万	2.4万

　　将两个总计都进行降序排列，可以帮助我们快速进行"区域"的"对比"。深圳是所有城市中销售金额平均值最高的，武汉是最低的，进一步分析原因，就可以采用"扬长补短"的思路来进行决策支撑。例如让深圳的销售总监来分享他的经验、让深圳的各销售精英到其他区域开展培训等。

平均销售额	类别 ↓							
区域 ↓	日用品	彩盒	服装	睡袋	食品	鞋袜	总计	
深圳	1.3万	3.2万		3.9万	3.5万	1.5万	2.9万	最大值 → 原因 → 扬长
北京	2.3万	6.0万	2.4万	2.2万	1.5万	1.1万	2.7万	
广州	3.3万	2.4万	4.3万	1.5万	2.3万	1.3万	2.4万	
上海	9.6万	1.7万	1.4万	1.5万	1.7万	2.0万	2.2万	
武汉	1.3万	2.6万		1.8万	2.4万	2.1万	2.0万	最小值 → 原因 → 补短
总计	3.5万	3.1万	2.3万	2.2万	2.0万	1.7万	2.4万	

　　同样的，对"类别"进行"对比"，发现最大值是"日用品"，最小值是"鞋袜"，进一步分析原因，也可以采用"扬长补短"的思路来进行决策支撑。

平均销售额	类别						
区域	日用品	彩盒	服装	睡袋	食品	鞋袜	总计
深圳	1.3万	3.2万		3.9万	3.5万	1.5万	2.9万
北京	2.3万	6.0万	2.4万	2.2万	1.5万	1.1万	2.7万
广州	3.3万	2.4万	4.3万	1.5万	2.3万	1.3万	2.4万
上海	9.6万	1.7万	1.4万	1.5万	1.7万	2.0万	2.2万
武汉	1.3万	2.6万		1.8万	2.4万	2.1万	2.0万
总计	3.5万	3.1万	2.3万	2.2万	2.0万	1.7万	2.4万

最大值　　　　　　　　最小值
↓　　　　　　　　　　↓
原因　　　　　　　　　原因
↓　　　　　　　　　　↓
扬长　　　　　　　　　补短

　　以上是对"总计"进行排序，如果需要对某个城市或某个产品类别进行排序呢？

　　例如需要将"食品"降序排列，单击"食品"列的任意数据，单击"数据"选项卡中的"降序"按钮。

　　数据透视表将"食品"这一列进行了降序排列，可以直接"对比"各区域数据，发现深圳地区的销售金额平均值最高，最低的是北京，从而进一步分析原因，寻找相关的营销和销售数据，分析为什么同一个产品在不同的区域下会有如此大的差距，并采用"扬长补短"的思路来做下一年度的产品销售决策。

平均销售额	类别						
区域	日用品	彩盒	服装	睡袋	食品	鞋袜	总计
扬长←原因←最大值　深圳	1.3万	3.2万		3.9万	3.5万	1.5万	2.9万
武汉	1.3万	2.6万		1.8万	2.4万	2.1万	2.0万
广州	3.3万	2.4万	4.3万	1.5万	2.3万	1.3万	2.4万
上海	9.6万	1.7万	1.4万	1.5万	1.7万	2.0万	2.2万
补短←原因←最小值　北京	2.3万	6.0万	2.4万	2.2万	1.5万	1.1万	2.7万
总计	3.5万	3.1万	2.3万	2.2万	2.0万	1.7万	2.4万

　　单击数据透视表的任意一个单元格，进行降序排列时，默认的是对"列"进行

降序，Excel 无法对"行"进行排序，也就是无法看到在北京这一区域，哪种产品销量平均值最高，这是数据透视表的一个缺点。如果想实现以上功能，可以新建另一个数据透视表，将"区域"作为列标题，"类别"作为行标题，此时就可以查看北京这一区域，哪种产品销量平均值最高了。

平均销售额	类别						
区域	日用品	彩盒	服装	睡袋	食品	鞋袜	总计
深圳	1.3万	3.2万		3.9万	3.5万	1.5万	2.9万
武汉	1.3万	2.6万		1.8万	2.4万	2.1万	2.0万
广州	3.3万	2.4万	4.3万	1.5万	2.3万	1.3万	2.4万
上海	9.6万	1.7万	1.4万	1.5万	1.7万	2.0万	2.2万
北京	2.3万	6.0万	2.4万	2.2万	1.5万	1.1万	2.7万
总计	3.5万	3.1万	2.3万	2.2万	2.0万	1.7万	2.4万

行排序 ✕

列排序 ✓

3.4.2 让无项目数据的单元格显示 "/"

扫描后观看
视频教程

　　在数据透视表的统计中，某些单元格是空值，也就意味着此处没有数据。

平均销售额	类别						
区域	日用品	彩盒	服装	睡袋	食品	鞋袜	总计
深圳	1.3万	3.2万		3.9万	3.5万	1.5万	2.9万
武汉	1.3万	2.6万		1.8万	2.4万	2.1万	2.0万
广州	3.3万	2.4万	4.3万	1.5万	2.3万	1.3万	2.4万
上海	9.6万	1.7万	1.4万	1.5万	1.7万	2.0万	2.2万
北京	2.3万	6.0万	2.4万	2.2万	1.5万	1.1万	2.7万
总计	3.5万	3.1万	2.3万	2.2万	2.0万	1.7万	2.4万

　　把这样的数据透视表呈给上司看，由于上司不一定懂数据透视表，所以他的反应可能会是："为什么服装在深圳和武汉的数据没有统计？"

　　为了避免这样的误会，我们需要将数据透视表中没有数据的部分填充上"/"，代表所有的数据都被统计分析了，只是某些数据为空而已。

　　此处不建议填充"0"，因为"0"的意思可能是"我们已经开展了销售工作，但是业绩为 0"，这样会产生歧义。而"/"的意思就很明确："我们在那些区域没有开展销售工作"。

当我们在空白区域手动输入"/"时，Excel 弹出了警告，显示"无法更改数据透视表的这一部分"。

这表示数据透视表的数据由原始数据计算而来，是无法修改的，那该怎么办呢？可以用鼠标右键单击数据透视表的任意单元格，在菜单中单击"数据透视表选项"命令。

弹出"数据透视表选项"对话框，在"对于空单元格，显示"文本框中输入"/"。

完成后的数据透视表，将无数据部分都填充了"/"，但"/"默认的是左对齐，与其他数据的"右对齐"在一起，会使数据透视表不易读。最好选择这两个另类的"/"，将他们单独设置为右对齐。

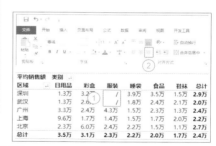

3.4.3 隐藏不需要对比分析的数据

为了能够让需要对比的数据更突出，我们可以不显示无关数据，从而减少注意力的分散。

上文提到数据透视表中的数据无法修改，但却可以将数据隐藏。例如在本书案例中，我们只希望对北京、上海、广州和深圳

扫描后观看
视频教程

的彩盒和食品的平均销售金额进行分析。

平均销售额	类别	
区域	彩盒	食品
深圳	3.2万	3.5万
广州	2.4万	2.3万
上海	1.7万	1.7万
北京	6.0万	1.5万
总计	3.2万	1.9万

单击"区域"旁边的筛选按钮，去除勾选"武汉"，单击"确定"按钮。

然后单击"类别"旁边的筛选按钮，仅勾选"彩盒"与"食品"。

数据透视表在新建时会自动添加行总计和列总计。此时用鼠标右键单击需要删除的行总计，单击"删除总计"命令。

3.4.4 将数据变成利于"对比"的图表

数据透视表协助我们对 588 行数据完成了"分类"和"统计"，接下来就是要对这些数据进行"对比"了。以下提供了两种视图，哪种更容易进行数据"对比"呢？

扫 描 后 观 看
视 频 教 程

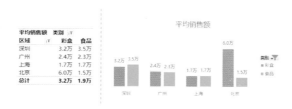

数据分析的第三步是"对比"。传统的数据显示方式需要通过大脑计算来得出谁是最大值、谁是最小值，而通过图表，则可以一眼就看出谁是最大值。这种图表制作"数据透视图"。如何能够快速制作以下图表呢？

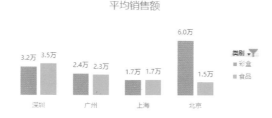

首先单击数据透视表的任意单元格，然后找到"分析"选项卡（Excel 2013版以前翻译为"选项"），单击"数据透视图"按钮，在弹出的窗口中，默认就是"簇状柱形图"，直接单击"确定"按钮。

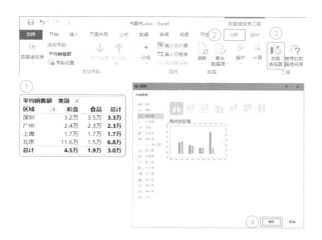

将数据透视图拖曳到数据透视表右侧，用鼠标右键单击任意蓝色柱形，单击"添加数据标签"命令；然后再用鼠标右键单击任意橙色柱形，单击"添加数据标签"命令。

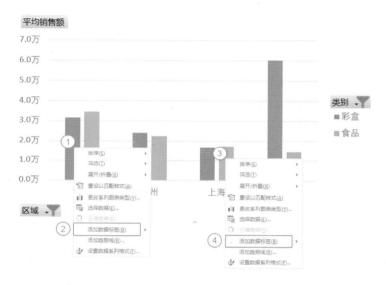

将图表中不需要的信息删除。单击坐标轴和任意网格线，然后按"Delete"键。

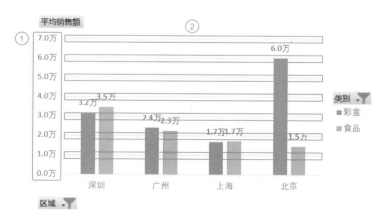

为了能够提升图表的观赏性，需要将柱形图"变胖"。用鼠标右键单击任意柱形，单击"设置数据系列格式"命令。

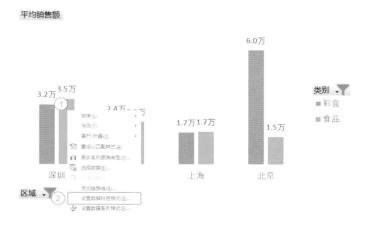

将"系列重叠"设置为"-10%"，"分类间距"设置为"100%"。"系列重叠"是蓝色柱形与橙色柱形的间距，"分类间距"是各区域之间的间距。

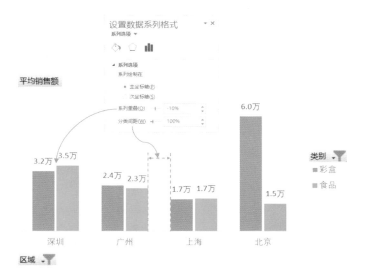

然后为数据透视图添加标题。部分 Excel 版本不会自动添加数据标题，可以单击"设计"选项卡中的"添加图表元素"按钮，单击"图表标题"中的"图表上方"命令。

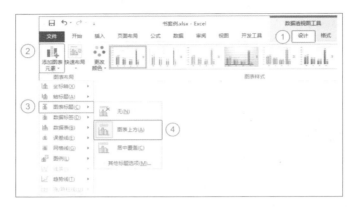

最后将字体修改为"微软雅黑"，即可完成所有数据透视图的设置。

"数据透视图"和"普通图表"有什么区别呢？单击下方的"区域"按钮，选择全部数据，然后单击"类别"按钮，选择"彩盒"与"日用品"。

数据透视图直接发生了改变，而且数据透视表也一起发生了变化。

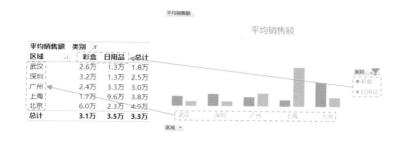

从以上操作可以得出两个结论。

（1）数据透视图可以直接筛选数据。

（2）数据透视图和数据透视表是实时同步的。

不过修改之后的数据透视图需要为柱形添加数据标签，并重新设置字体为"微软雅黑"，如下图所示。

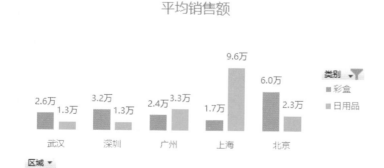

数据透视图是建立在数据透视表之上的图表，它相比枯燥的数据透视表来说，更容易对数据进行"对比"。所以在做数据分析时，通常会由"数据透视表"来完成"分类"和"统计"，由"数据透视图"来完成"对比"，这样可以提高数据分

析的效率，快速通过"现状""原因"和"趋势"的分析实现决策支撑。

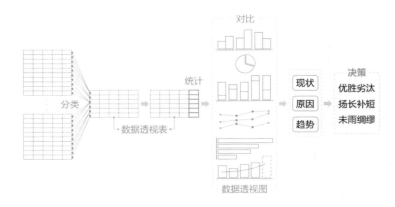

3.4.5 在数据透视图上显示所有信息

　　为什么要为数据透视图添加标题呢？数据透视表和数据透视图的左上角按钮不都已经显示了吗？

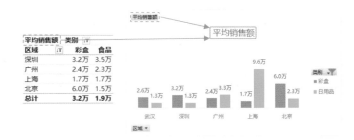

　　因为在用 PPT 进行数据分析报告时，通常只会出现数据透视图，而且为了美观会将按钮删除，所以需要为每个数据透视图都添加标题。

　　同样的，因为数据透视表不会出现在 PPT 版的《数据分析报告》中，所以要将数据透视表中的信息都尽可能地放到数据透视图中，所以把数据透视表中的数据以数据标签的形式放到数据透视图中。

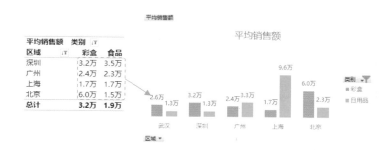

当数据较多时，还会使用数据表的形式将数据信息加入数据透视图中。

3.4.6 不能轻易相信数据透视表

我们使用数据透视表，就是因为它可以帮助我们准确地进行"分类"和"统计"，它做的数据计算是准确可信的。但如果我告诉你，数据透视表的数据不能轻易相信，你是否会吓一大跳呢？

查看数据透视表，北京的彩盒销售平均值为 6.0 万。

平均销售额	类别	
区域	日用品	彩盒
上海	9.6万	1.7万
北京	2.3万	6.0万
广州	3.3万	2.4万
深圳	1.3万	3.2万
武汉	1.3万	2.6万
总计	3.5万	3.1万

此时修改数据表中的F2单元格,将一条北京彩盒的销售金额数据改为123.9万。

	A	B	C	D	E	F
1	订购日期	区域	类别	数量	成本	销售金额
2	2020/1/24	北京	彩盒	348	97,749.58	12.4万

	A	B	C	D	E	F
1	订购日期	区域	类别	数量	成本	销售金额
2	2020/1/24	北京	彩盒	348	97,749.58	123.9万

此时再观察数据透视表，发现数据透视表的北京彩盒的销售金额平均值仍然是6.0万，没有发生改变。

这数据明显是统计错误的，难道数据透视表的数据都不可信了吗？其实是在原表数据发生改变时，数据透视表没有更新造成的。可以用鼠标右键单击数据透视表的任意单元格，在菜单中选择"刷新"命令，此时，数据透视表的数据就可以正确显示了。（位置发生改变是由于列总计降序排列导致的。）

这也就意味着，数据透视表是无法实时反馈原始数据的。那么为了保证数据透视表的真实性，当你看到任何一张

数据透视表时，第一反应并不是去"对比"，而是先要进行手动"刷新"。

Excel 为什么不让数据透视表实时刷新呢？因为数据透视表需要经过大量计算，如果原始数据一有变化，它就重新计算一次，那么 Excel 将会频繁地计算，导致计算机资源的浪费，造成系统迟缓。所以 Excel 对数据透视表刷新的设计理念是：原始数据全部修改完后，再手动刷新。这样就只需计算一次，而不是计算多次。

难道每次看到数据透视表就必须要刷新吗？ Excel 可以将数据透视表设置为每次打开工作表时，就刷新数据透视表。这样就代表着，打开 Excel 文件时的数据透视表就是最新的，而不需要手动刷新。

用鼠标右键单击数据透视表的任意单元格，单击"数据透视表选项"命令。

在"数据"选项卡中，勾选"打开文件时刷新数据"复选框，最后单击"确定"按钮。

如果你希望每修改一个数据，数据透视表都会实时更新，这需要有一个前提：计算机配置非常高。如果能达到这个要求，那么就可以通过设置"VBA"来实现实时更新。

为了能让后续的操作数据可信，需要将前面修改的 123.9 万该回原数据。

🔒 专栏：我需要学 VBA 吗

"沈老师，我想学习 VBA"，已经有很多个学员这样向我讨教。我的回应是"你学习 VBA 的目的是什么"，而得到的回答都是"我想成为高手"。

学习 VBA 就一定能使你成为高手吗？你成为高手的目的是什么？学习完 VBA，只是多了一项解决问题的手段，而这个手段使用的概率极低，但是你却需要花费大量的精力去学习。就像你家有一台冰箱，它可能会出现故障，但有必要花费一个礼拜时间去学习冰箱的维修吗？

VBA 可以理解为"编程"，Excel 中所有的功能都是基于这种"编程"。在我们单击"文字加粗"按钮时，其实 Excel 执行的是一段程序，也就是说，"文字加粗"也是由 VBA 编写而成的。

不是所有人都会编程，所以 Excel 将工作中大部分常用的功能都通过按钮的方式来实现。例如需要文字居中，只要单击按钮就可以了；需要创建图表，只要按照步骤一步步完成就行了。Excel 使用按钮代替了让用户自己手动编程的痛苦操作，而所有的按钮都在上方的各个选项卡中。通常只有极小一部分个性化的功能需求，需要使用 VBA 来进行编程。

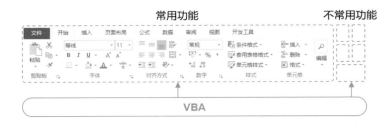

重新审视一下你是否需要学习 VBA：你的精力是有限的，可以自己选择以下两个方案。

方案A 花大量精力学习VBA，解决极少问题

方案B 不学VBA，精力花费在解决更多问题

在工作和生活中，我们是以解决问题为导向的，并不关心用的是什么方法和手段。同时我们的精力有限，还要分摊在工作、家庭、生活、娱乐等各个方面，所以我们的目标应该是用更少的精力来解决更多的问题，只学习那些可以帮助完成工作的内容就够了。

从认知角度来讲，哪怕现在学习了那些很"高端"的技能，但是由于工作中极少情况才会用到，作为知识储备，由于没有被使用和重复，一定会被忘记。回想一下我们在学校里学的"拉格朗日中值定理"还记得吗？生石灰和熟石灰的化学方程式还记得吗？

本书就是围绕这个宗旨，提供只需要花费少量精力就能解决问题的方案和数据分析的思路。

04

有理有据的决策支撑
——Excel 数据分析的 2 个基本思路

有理有据的决策支撑，需要通过"分类""统计"，然后将数据进行"对比"并分析。而分析的方法一共有 6 种，本章将提供 2 种基本方法。

上文的操作，让我们完整体验了一次将 588 行数据通过数据透视表进行"分类"和"统计"，然后通过数据透视图进行数据"对比"，并分析数据的"现状""原因"和"趋势"，从而做出决策的过程。

本章将继续巩固这个过程，提供 6 种方法来对数据进行分析，并做出可靠的决策。这 6 种方法从简单到复杂分别是"一列法""三点法""行列法""二列法""四象限法"和"多行列法"。

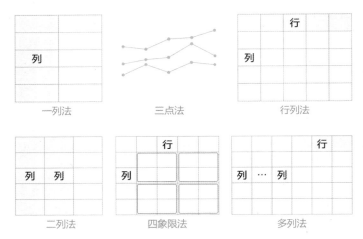

一列法　　　　　三点法　　　　　行列法

二列法　　　　　四象限法　　　　多列法

在每种方法和案例中，还添加了如何向上司汇报的思路，让你的工作成果可以最大化。

4.1 通过"一列法"进行简单分析

当你有数百甚至数万行数据时，如何将这些数据进行分类分析呢？最简单的就是利用"一列"来将数据分类，大大降低数据量，从而进行决策分析。由于在结果中只有一列，所以叫做"一列法"。

一列法

扫描后观看
视频教程

首先，看一下本案例的结果。

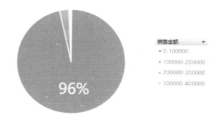

不同区间销售笔数	
销售金额 ▼	汇总
0-100000	567
100000-200000	16
200000-300000	3
300000-400000	2
总计	588

这张数据透视表，将原先的 588 行，根据"销售金额"这一个指标，分成了 4 组。这样有什么用呢？

4.1.1 "一列法"怎么让上司对你刮目相看

直接把这张表和图给你的上司看，一定不会有任何结果，但配上以下描述，就会让你的上司刮目相看。

"在这次的销售数据中，有近 96% 的产品销售金额都在 100 000 以下，而 200 000 以上的有 5 个。经过调查，这些人员分布在深圳和上海。"

这只是其中的一个分析结果，以这个分析结果为例继续往下汇报。

"根据这些数据，我觉得可以请这些销售金额在 200 000 以上的销售精英在我们所有的销售人员中进行演讲和培训，分享他们的销售经验。"

此时你给予了上司一个决策选择，让他来决定如何利用这些销售精英。如果再将这个决策分析扩大，并加上利润的提升预期，则上司将会更加满意。

"如果将这 5 名优秀销售人员的经验复制给 96% 的普通销售人员，那么我们的业绩将会有大幅度提升。如果 96% 的销售人员都能完成 150 000 的业绩，那么我们的业绩至少会提升 3 倍。这些是具体的销售数据，您看一下。"

此时，上司可能已经被你的汇报激励得热血沸腾。纵观这样的汇报，它的流程如下图所示。

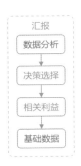

这种流程不但可以让上司目瞪口呆，觉得你是为公司考虑的人才，还在给予上司选择题：让上司来决定最后使用哪些决策来执行。

给予上司选择题，而不是简答题。让他在多个决策中选择，而不是让他来对数据做基础分析和决策。这样上司花费了最少精力，既完成了待办事项的处理，又满足了上司的控制欲。

而此时，如果再加以其他的决策选择，将会凸显出你的不可替代性。

"这 5 名优秀销售人员是我们的销售精英，他们很可能会流失。为了防止这样的事情发生，我建议给予他们一些奖励措施和人文关怀，如荣誉称号等。经理，您觉得呢？"

这样的话术还是在给予上司"决策选择"，让上司来选择是给予这些销售精英奖励措施还是人文关怀。

在这个案例中，我们了解了决策的制定和汇报。那么数据表是如何进行"分类""统计"和"对比"的呢？

4.1.2　快速对数据使用"一列法"

首先使用前面的方法，插入一个数据透视表，并将其设置为"经典视图"，然后将"销售金额"拖曳至列和值。

扫描后观看
视频教程

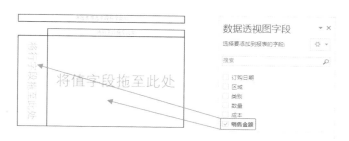

然后用鼠标右键单击销售金额列的任意单元格，在弹出的菜单中选择"创建组"命令。

在弹出的对话框中，不修改数据，直接单击"确定"按钮。

"起始于"和"终止于"文本框中的数字，Excel 会自动匹配。其中，"步

长"的意思就是："多少为一段"。

求和项:销售金额

销售金额	汇总
0-100000	10501752.73
100000-200000	2145581.764
200000-300000	808267.0777
300000-400000	605590.0633
总计	**14061191.64**

此时数据透视表的行标题已经进行了分组，但值数据是默认的"求和"（不同 Excel 版本的默认统计方式不同）。此时根据之前章节的方法，双击数据透视表的左上角。将汇总方式改为"计数"，并自定义名称为"不同区间销售笔数"，并将文字修改为"微软雅黑"，调整数据透视表样式为"浅色"即可。

🔒 专栏：分多少组才能利于数据分析

在对数据进行操作时，步长不一定为 100 000，那么多少步长才合适呢？

步长的选择，是以结果来设定的，通常最终分组的结果为 3~8 组最为适宜。因为少于 3 组，则没法进行比较；多于 8 组，则在比较时浪费精力。在本书案例中，数据最大值为 305 484，如果将 100 000 作为步长进行分类，结果则符合 3~8 组的要求。

我们在学习 Excel 时往往会陷入一个"技术控"的陷阱里，认为"技术越牛"则越能帮助自己的工作，其实这样是本末倒置的。

Excel 做为一个数据分析工具，它只是一种解决我们问题的手段，是我们展示工作给上司和客户看的一种呈现方式。上司和客户也许根本不懂"技术"，太强调技术只会导致他们的反感，将 Excel 的分析结果简单明确地提供给他们，让他们觉得很"舒服"，这样才能体现出你的工作价值。

就像乔布斯在介绍 iPhone 时，他不会说"这款产品有 3GB 的运行内存，CPU 的主频是 1.8GHz，储存是 128GB"，这些语言用户都听不懂。乔布斯只会这样说："你可以很流畅地进行多个程序之间的切换，它可以储存 8000 首歌曲。"

所以在对 Excel 进行操作时，本书贯穿了如何能够让数据更易于分析、如何分析数据和如何向上司汇报，这样才能"让 Excel 成就你，而不是你去迁就 Excel。"

4.1.3 给每个数据透视表都配上合适的"图表"

数据透视表完成了将数据"分类"和"统计"的工作，接下来就要用数据透视图，来帮助我们进行"对比"。

在所有数据透视表中，"簇状柱形图"是最通用的图形。

扫描后观看
视频教程

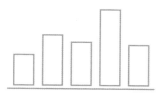

而在本案例中，由于"0-100 000"的数据量太大，需要突出整体中的布局，所以可以采用饼图。单击数据透视表，单击"分析"选项卡中的"数据透视图"按钮，选择饼图并单击"确定"按钮。

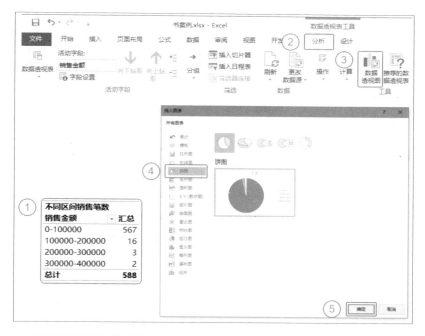

将数据透视图的"汇总"删除，并添加数据标签，勾选"百分比"复选框，并设置标签位置为"居中"。

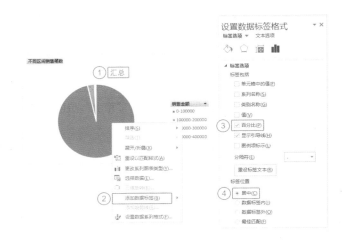

然后删除数字重叠的数据标签，调整文字大小并设置为"微软雅黑"，添加完图表标题，最后拖曳至数据透视表旁即可。

4.1.4 分布情况用"计数"，个体情况用"平均值"，总体情况用"求和"

上一案例是"一列法"中的一种。"一列法"可分为三种，根据列的属性不同，分为"数字一列法""日期一列法"和"文字一列法"。

什么是"数字""日期"和"文字"呢？工作中所有的数据，可以用于分析的就是这 3 种类型，例如本案例中的 6 列，都属于这 3 种类型。"日期"就是"日期"格式的类型，"文字"属于"文本"格式的类型，"数字"属于"数值、货币"等可用于计算的类型。

为什么统计的"值"字段一定是数字呢？统计分为"计数""平均值"和"求和"，只有数字可以计算"平均值"和"求和"，而"日期""文字"和"数字"的计数结果是一样的。就像对本案例中"文字"类型的"区域"进行计数，结果是 588；对"日期"类型的"订购日期"进行计数，结果是 588；而对"销售金额"进行计数，结果仍然是 588。所以统计的"值"一定是"数字"。

本案例可以有几种"一列法"呢？

数量	数量 (计数/平均值/求和)	数量	成本 (计数/平均值/求和)	数量	销售金额 (计数/平均值/求和)
成本	数量 (计数/平均值/求和)	成本	成本 (计数/平均值/求和)	成本	销售金额 (计数/平均值/求和)
销售金额	数量 (计数/平均值/求和)	销售金额	成本 (计数/平均值/求和)	销售金额	销售金额 (计数/平均值/求和)

日期	数量
	(计数/平均值/求和)

日期	成本
	(计数/平均值/求和)

日期	销售金额
	(计数/平均值/求和)

区域	数量
	(计数/平均值/求和)

区域	成本
	(计数/平均值/求和)

区域	销售金额
	(计数/平均值/求和)

类别	数量
	(计数/平均值/求和)

类别	成本
	(计数/平均值/求和)

类别	销售金额
	(计数/平均值/求和)

以上罗列了 18 种"一列法",本章的案例就属于第 3 行,第 3 列的"数字一列法",并且采用的是"计数"的统计方式。

看到这里,你可能会产生困扰。

(1)这么多"一列法"的结果,应该把什么做"列",什么做"值"?

(2)"计数""平均值"和"合计",应该使用哪种统计方式?

本书已经将"数据分析"的思路、"制定决策"的思路、"汇报"的思路都总结出来,下面会提供一个制作"一列法"数据透视表的思路。

首先找出你当前最关心的数据,把它作为"一列法"的列,然后找到你想对比的数据,把它作为"一列法"的值;是使用"计数""平均值"还是"求和"呢?如果你想了解整体的分布情况,就使用"计数";如果你想了解个体情况,就使用"平均值";如果你想了解总体情况,证明自己的业绩,就使用"求和"。

如果你是销售总监,那么你会对"区域"感兴趣,想了解各区域的"销售金额"的总体情况,于是会制作以下数据透视表。

如果你是产品经理，那么你会对"产品"感兴趣，想了解各产品的"成本"的个体情况，于是会制作以下数据透视表。

除了本案例的数据外，如果你是人

力资源管理师，那么你会对"年龄"感兴趣，想了解公司各"年龄"阶段的分布情况，于是会制作以下数据透视表。

通过"一列法"制作各种数据透视表，可以实现数据分析中的"分类"与"统计"，并通过数据透视图，可视化地进行"对比"，对"现状""原因"和"趋势"进行分析，从而得出相应的决策，供我们汇报时使用。

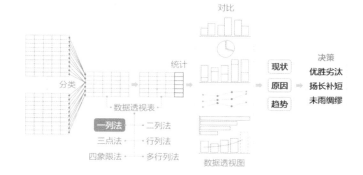

4.1.5 使用"日期一列法"进行专业汇报

如果你是一名销售经理，在年底做述职报告时，想针对今年的各月份销售总额进行汇报，并预测来年的数据。按照"一列法"的规则设置数据透视表可以如下图所示。

最终完成的结果如下图所示。

数据透视表的结果与普通的"一列法"不同，它除了值外，竟然有两列。这是因为"日期"的特殊性导致的，因为日期可以自由显示"年、季度、月、日"等数据。

我们先解析这些数据如何进行决策制定和汇报，然后再解析如何制作"日期一列法"的数据透视表。

"张总，本年度的销售总额为1 406.1 万元，其中贡献最大的是 6 月份。经过分析，6 月因为赶上"618 购物节"而导致销售额骤增。建议明年"618 购物节"前加大营销力度，在 5 月底就开始促销，这样不但可以分担 6 月份各产品线的生产压力，还能够增加 5 月份的销售额，帮助公司完成明年 150% 的销售目标。这些是全部的销售数据和报表，您看一下。"

对以上汇报进行分解，可以得到下图。

	订购日期	销售金额
最关心的 →	订购日期	销售金额 ← 想对比的
		（求和） ← 总体情况

求和项:销售金额

季度	订购日期	汇总
第一季	1月	48.9万
	2月	52.6万
	3月	133.2万
第二季	4月	150.0万
	5月	114.8万
	6月	274.3万
第三季	7月	143.0万
	8月	70.2万
	9月	107.4万
第四季	10月	98.6万
	11月	/
	12月	213.1万
总计		1406.1万

列（季度+月份）

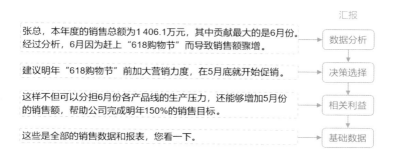

上述汇报还是按照本书提供的汇报思路，首先提出"数据分析"，然后进行"决策选择"，并给予上司"相关利益"，最终再用"基础数据"做可信度支撑。

再进行深入解析，决策选择是怎么来的呢？

张总，本年度的销售总额为1 406.1万元，其中贡献最大的是6月份。通过对比，找到最大值
经过分析，6月因为赶上"618购物节"而导致销售额骤增。 分析原因

建议明年"618购物节"前加大营销力度，在5月底就开始促销。 扬长

这样不但可以分担6月份各产品线的生产压力，还能够增加5月份
的销售额，帮助公司完成明年150%的销售目标。

这些是全部的销售数据和报表，您看一下。

它使用的是数据分析的思路，先通过对比找到最大值，然后分析其原因，并使用"扬长"的决策，把今年 6 月份销售额最大的原因"618 购物节"放到明年，并加大营销力度。

而"相关利益"是怎么来的？具体可以查看本书第 5 章。

除了对最大值进行决策和汇报外，还可以对最小值进行汇报，使用的是相同思路。

"张总，本年度的销售总额为 1 406.1 万元，其中贡献最小的是 1 月份。经过分析，1 月因为赶上"春节"而导致销售额低迷，这是往年的惯例。建议明年在春节前尝试采用打折促销的方法增加销量，这样能够刺激一下低迷的 2 月份销售，帮助公司完成明年 150% 的销售目标。或者在 1 月份进行全公司的销售和产品培训，这样可以在不影响整体销量的情况下，提高销售水平。这些是全部的销售数据和报表，您看一下。"

对以上汇报进行解析，可以得到下图

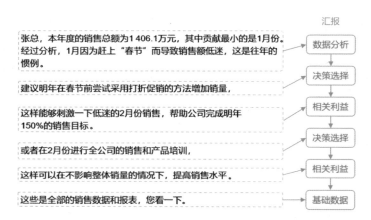

由于提供了 2 种决策选择，所以在汇报中夹杂两次"决策选择"和"相关利益"，但整体汇报流程不变。而决策的来源仍然是对数据进行对比找到最小值，并寻找其原因，采用"补短"的方法制定决策。

4.1.6 快速完成"日期一列法"

在解析完上一案例的决策制定与汇报方法后，接下来就是制作"日期一列法"的数据透视表和数据透视图了。完成结果如下图所示。

扫描后观看
视频教程

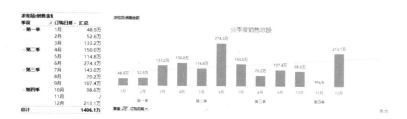

在 H55 单元格插入数据透视表，并设置为经典视图，然后将订购日期拖曳到列，将"销售金额"拖曳到值。

默认的订购日期需要进行分组，用鼠标右键单击"订购日期"任意单元格，单击"创建组"命令，在弹出的窗口中单击"月"和"季度"，然后单击"确定"按钮。

完成数据透视表创建后，发现没有 11 月，这并不是数据透视表的统计错误，而是 588 行数据中没有 11 月份的数据。但是如果直接将这张数据透视表给上司看，上司会疑惑："11 月份没统计吗？"

求和项:销售金额		
季度	订购日期	汇总
第一季	1月	488929.5422
	2月	526364.8273
	3月	1331803.2
第二季	4月	1499796.7
	5月	1148241.036
	6月	2742749.891
第三季	7月	1430482.273
	8月	702275.0598
	9月	1074390.051
第四季	10月	985616.7377
	12月	2130542.318
总计		14061191.64

　　为了避免误解，需要将"11 月"显示在数据透视表中，用鼠标右键单击"订购日期"的任意单元格，单击"字段设置"命令，在弹出的对话框中选择"布局和打印"选项卡，然后单击"显示无数据的项目"复选框，并单击"确定"按钮。

　　为了显示"11 月"而做的操作，意外显示了两行不需要的数据，而且"11月"的数据为空，这也会造成误解："11月的数据没有统计吗？"

求和项:销售金额		
季度	订购日期	汇总
☐<2020/1/24	<2020/1/24	
☐第一季	1月	488929.5422
	2月	526364.8273
	3月	1331803.2
☐第二季	4月	1499796.7
	5月	1148241.036
	6月	2742749.891
☐第三季	7月	1430482.273
	8月	702275.0598
	9月	1074390.051
☐第四季	10月	985616.7377
	11月	
	12月	2130542.318
☐>2020/12/30	>2020/12/30	
总计		14061191.64

　　数据透视表不能修改，也不能删除，如何将不需要的两行数据去除呢？此时可以通过筛选将不需要的数据隐藏。单击"季度"右侧的筛选框，去除不需要的两行数据，并单击"确定"按钮即可。

然后用鼠标右键单击数据透视表的任意单元格，选择"数据透视表选项"命令，在"对于空单元格，显示"文本框中输入"/"。

最后对数据透视表做美化效果，将数据显示为自定义数字格式中的"0!.0, 万"格式，将数据透视表样式设置为"浅色"即可。

完成的数据透视表每个季度前都有"-"号,单击后可以收缩。

最后,需要为它创建可视化的图表。单击数据透视表的任意单元格,在"分析"选项卡中单击"数据透视图"按钮,使用默认的"簇状柱形图",然后单击"确定"按钮。

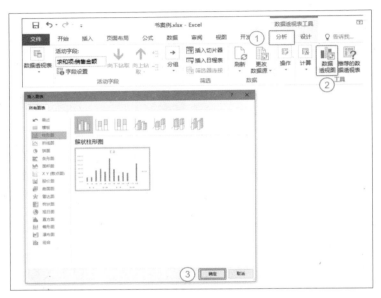

将数据透视表的图例删除,并将标题修改为"分季度销售总额"。然后添加数据标签、删除不需要的纵坐标轴和网格线,并让"柱形"变胖。

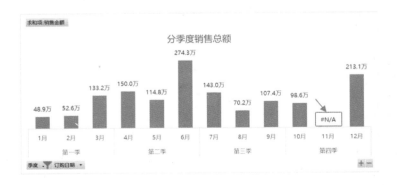

　　此时 11 月份的数据出现"#N/A"，代表没有符合的数据，需要单击 2 次该数据将其删除。注意不是双击，第一次单击为选择所有数据标签，第二次单击为选中 11 月份的标签。

　　对于"日期—列法"的数据透视表，通常需要为它添加趋势线，这样可以为将来的数据做"趋势"分析。用鼠标右键单击数据透视表中的任意柱形图，单击"添加趋势线"命令。

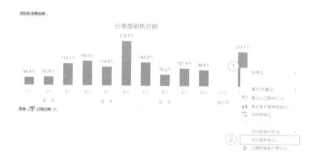

　　Excel 会默认添加"线性"的趋势线，在"趋势预测"中输入向前"2.0"周期。

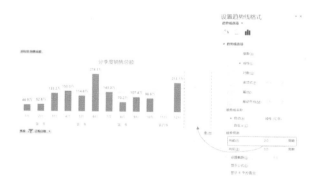

　　数据透视图会增加 2 个横坐标单位，并且趋势线会延伸，在汇报时我们就可以说："根据今年各月份的数据，我们的销售形势较为乐观。"

　　数据透视图提供了 6 种趋势线，你不需要了解各种趋势线的计算公式，因为它会占用大量时间。你需要做的就是在 6 种趋势线中找到对数据汇报最有利的一种即可。

以下列举了各种趋势线的样例。

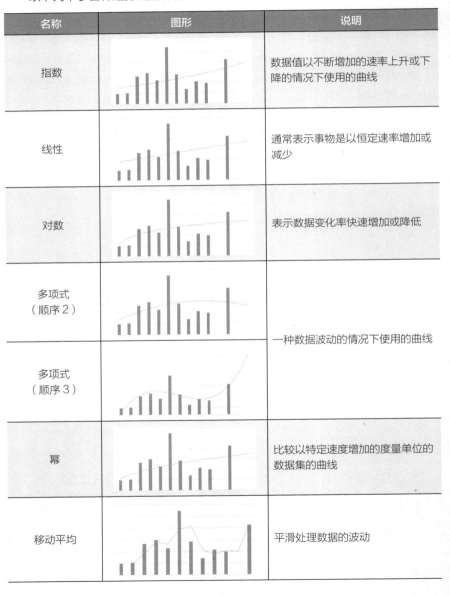

名称	图形	说明
指数		数据值以不断增加的速率上升或下降的情况下使用的曲线
线性		通常表示事物是以恒定速率增加或减少
对数		表示数据变化率快速增加或降低
多项式（顺序2）		一种数据波动的情况下使用的曲线
多项式（顺序3）		
幂		比较以特定速度增加的度量单位的数据集的曲线
移动平均		平滑处理数据的波动

4.1.7 使用"文字一列法"进行专业汇报

　　上文提供了"数字一列法"和"日期一列法"的完整操作流程，包括使用数据透视表实现数据的"分类"和"统计"，使用数据透视图完成"对比"，并使用思路制作"决策"和进行"汇报"。接下来继续解析"一列法"的最后一项——"文字一列法"。

　　例如作为一名总公司的销售经理，你需要查看各个区域的总体销售情况，而且还希望能够查看各个产品类别的详细数据，按照"一列法"的规则设置数据透视表可以如下图所示。

最终完成的结果如下图所示。

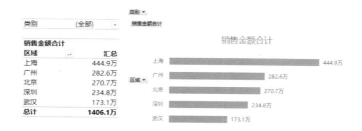

　　这样的数据该如何汇报呢？

　　"张总，本年度销售总额达 1 406.1 万，其中上海贡献了 444.9 万，是深圳加武汉的总和还多。经过分析发现，是因为我们在上海有 20 个代理商，而其他区域平均只有 10 个，所以建议明年能够在各区域增加代理商，将上海的代理商模式复制到全国，这样就能帮助公司完成明年 150% 的销售目标。这些是全部的销售数据和报表，您看一下。"

　　经过分析，上述汇报内容仍然使用的是"思路"。

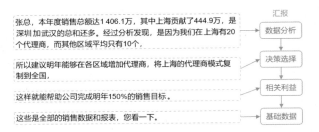

而决策的制定，也是通过对比找到最大值，并分析原因进行扬长补短。

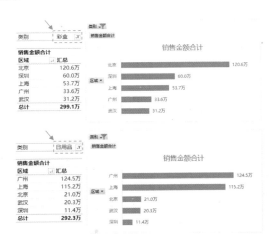

在做详细的数据分析时，我们可以通过单击数据透视表的"筛选器"来查看不同产品类别的数据。

例如在"彩盒"这个产品类别下，北京的销售额最高；而在"日用品"这个产品类别下，广州的销售额最高。然后使用之前的思路，对他们进行决策制定和汇报。

4.1.8 快速完成"文字一列法"

如何能够完成以下数据透视图和数据透视表供决策制定和汇报呢？

类别	(全部)
销售金额合计	
区域	汇总
上海	444.9万
广州	282.6万
北京	270.7万
深圳	234.8万
武汉	173.1万
总计	**1406.1万**

销售金额合计

区域	
上海	444.9万
广州	282.6万
北京	270.7万
深圳	234.8万
武汉	173.1万

首先在 H75 单元格创建数据透视表，并将其设置为"经典视图"，然后将"区域"拖曳至列，"销售金额"拖曳至值，"区域"拖曳至"筛选器"。

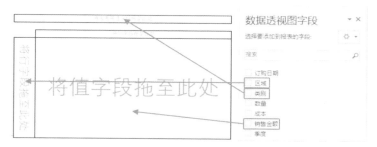

最后调整字体、数值设置和数据透视表样式，并将数据降序排列即可完成。需要注意的是，"汇总"两字需要与下方的数字一样右对齐，而筛选器为了不被按钮遮住，需要左对齐。

类别	(全部)
销售金额合计	
区域	汇总
上海	444.9万
广州	282.6万
北京	270.7万
深圳	234.8万
武汉	173.1万
总计	**1406.1万**

"筛选器"是什么？创建"筛选器"的目的就是为了能够查看"详细数据"，任何数据透视表都可以创建"筛选器"。

当创建了筛选器后，整个数据透视表虽然仍然是"一列法"的外观，却引入了新的一项筛选数据。这样在分析时，可以先针对全部数据进行分析，然后再分析每个类别的数据。

与"筛选器"有着同样功能的是"切片器"，"切片器"是将所有的选项直接显示出来，如下图所示。

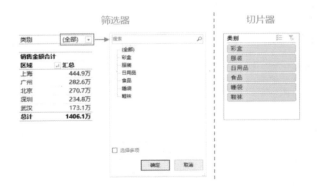

两者的功能一致，所以只需要选择一个就可以了。什么时候用"筛选器"，什么时候用"切片器"呢？建议初学者使用"筛选器"，因为整个数据透视表的外观没有发生改变，可以面对较少的数据进行分析；而"切片器"适合高手使用，因为它可以通过鼠标单击更快地查看各个详细的数据。

如何为数据透视表添加切片器呢？单击数据透视表，在"分析"选项卡中单击"插入切片器"按钮，然后在弹出的窗口中选择"类别"，并单击"确定"按钮即可。

不管是"筛选器"还是"切片器"，在对它们进行操作时，数据透视表和数据透视图都会实时发生改变。但在实际工作中，这两个不能同时出现，否则会造成解读数据的困扰：不知道用哪一个，所以需要删除其中一个。

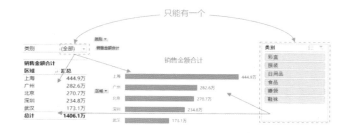

4.1.9 用"条形图"，让"柱形图"休息一会儿

完成数据透视表后，接下来就需要做数据透视图了。如果采用传统的簇状柱形图，则结果如下。

该数据透视图没有任何问题，但考虑到一点：簇状柱形图会让人审美疲劳。簇状柱形图的使用频率太高了，任何数据都可以使用簇状柱形图来表示，它就像一个辛苦的工人，到处出现在各种数据报告中。为了不让解读图表的受众感

到乏味，我们可以用"条形图"代替"柱形图"，让"柱形图"休息一会儿。

从外观上看，条形图和柱形图只是旋转了 90 度，但却可以给人"新颖"的感觉。需要注意的是，通常需要将条形图设置为上大下小依次排序，为的就是能够符合人们的阅读习惯。

首先单击数据透视表的任意位置，然后单击"分析"选项卡中的"数据透视图"按钮，在弹出的窗口中单击"条形图"并单击"确定"按钮。

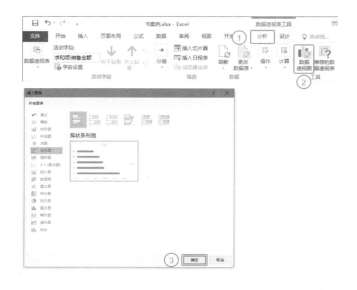

创建的条形图默认是数据从小到大排列的，这时用鼠标右键单击列坐标轴，单击"设置坐标轴格式"命令，勾选"逆序类别"复选框就可以将数据从大到小排列。

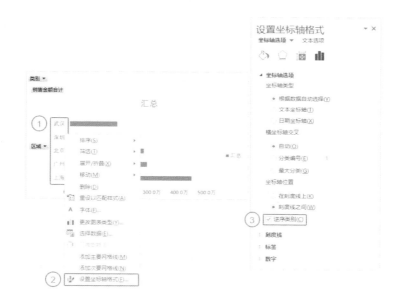

然后将数据透视表中的"标题"修改为"销售金额合计"，并依次删除"行坐标""图例""网格线"，调整数据条的分类间距为"100%"，给条形图加上数据标签，最后设置字体为"微软雅黑"即可。

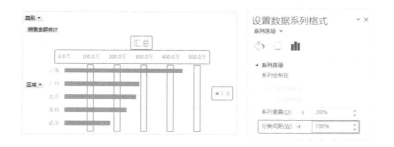

🔒 专栏：为什么不用"一行法"

在熟练使用"一列法"之后，你不禁会思考：有没有"一行法"？

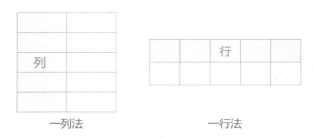

一列法   一行法

从理论上说，完全可以根据"一列法"的方法做一个"一行法"。将"最关心的"数据作为"行"，想对比的数据作为"值"，并根据自己的意愿选择"计数""平均值"或"求和"。但在实际工作中，却不会使用"一行法"。

"一列法"分为"数字一列法""日期一列法"和"文字一列法"。将三个"一列法"与"一行法"一一对比，你就知道为什么不用"一行法"了。

在"数字一列法"中，以查看不同区间的销售笔数为例，"一行法"会得到以下结果。

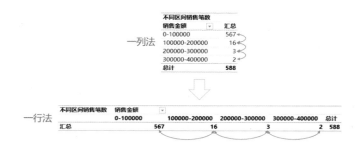

　　如果是"日期一列法"采用"一行法"的方式进行显示。例如查看各个季度的销售金额总和，结果如下图所示。

　　如果是"文字一列法"采用"一行法"的方式进行显示。例如查看各个区域的销售金额总和，结果如下图所示。

| 不同区间销售笔数 | |
销售金额	汇总
0-100000	567
100000-200000	16
200000-300000	3
300000-400000	2
总计	588

一列法

| 不同区间销售笔数 | 销售金额 | | | | |
	0-100000	100000-200000	200000-300000	300000-400000	总计
汇总	567	16	3	2	588

一行法

　　虽然表达的意思相同，但是使用"一行法"的数据无法像"一列法"那么容易对比。所以在实际工作中，全部采用"一列法"，而放弃"一行法"。

4.2 "三点法"快速分析大数据

　　"一列法"是所有对数据"分类"和"统计"的数据透视表中最简单的一种。它的特点是数据简单明了，分析起来较为容易。而在对"一列法"的介绍中，一直为本节埋着一个伏笔"统计方式中没有最大值和最小值"。

扫描后观看
视频教程

"最大值"和"最小值"也是非常常用的统计方法，但它却很少在"一列法"的数据透视表中使用。本节将要介绍的"三点法"就是将"最小值""平均值"和"最大值"这三个数据点进行对比的方法。

三点法

4.2.1 用"三点法"说服你的上司

任何有关数字的数据，都会有"最大值""最小值"和"平均值"。把它们 3 个放在一起制作的数据透视图，是非常容易做出数据对比的。

例如针对本书案例中的 588 行数据，需要查看各个区域的销售情况。如果通过"销售金额"的总计来查看，那么很有可能会出现以下情况："部分销售金额较高的业绩拉动了整个总和，而有部分销售金额较低的业绩滥竽充数。"

例如有 9 个人的业绩是 10 万，1 个人的业绩是 1 万，那么这 10 个人的业绩是 91 万，无法体现出那一个滥竽充数的人员情况。

为了解决这个问题，可以使用"三点法"来体现数据的分布。

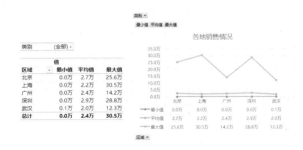

这样的数据透视图和数据透视表，可以通过以下方式进行汇报。

"张总，根据 5 个地区的销售情况发现，上海和深圳的最大值很高，而平均值与其他地区持平。经过分析，是在上海和深圳中有表现很好的销售精英所导致的。建议将这些销售精英召集起来，让他们给其他销售人员做培训，分享他们的心得，这样就能够培养其他区域的销售精英，来帮助公司完成明年 150% 的销售目标。这些是全部的销售数据和报表，您看一下。"

　　对以上汇报进行分解，可以得到下图。

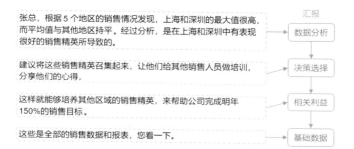

　　而决策的制定，也是通过对比找到最大值，并分析原因进行扬长补短。

张总，根据 5 个地区的销售情况发现，上海和深圳的最大值很高，　通过对比，找到最大值
而平均值与其他地区持平。

经过分析，是在上海和深圳中有表现很好的销售精英所导致的。　分析原因

建议将这些销售精英召集起来，让他们给其他销售人员做培训，
分享他们的心得，　扬长

这样就能够培养其他区域的销售精英，来帮助公司完成明年
150%的销售目标。

这些是全部的销售数据和报表，您看一下。

　　同样的，如果对类别进行筛选，选择"服装"，则可以得到以下数据透视表和
数据透视图。

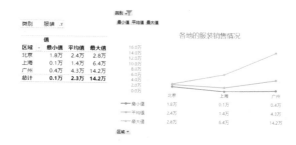

而通过对以上图表分析，可以做出以下汇报。

"张总，根据服装的销售图表来看，北京的销售金额都比较接近。经过分析是由于北京的销售提成与数量挂钩，而不与销售金额挂钩，建议重新调整北京的销售提成方式，以给予当地销售人员动力，完成更多销售业绩。而广州的最小值、平均值和最大值差异较大。广州作为服装产品的新开辟市场，各销售人员水平参差不齐，建议公司给与统一培训，这样能够帮助公司完成对广州的销售布局。这些是全部的销售数据和报表，您看一下。"

以上同样采用了汇报的思路。

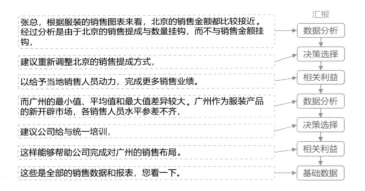

而决策的制定，也是通过对比找到差异的最大值和最小值，并分析原因进行扬长补短。

张总，根据服装的销售图表来看，北京的销售金额都比较接近。通过对比，找到差异的最小值

经过分析是由于北京的销售提成与数量挂钩，而不与销售金额挂钩，分析原因

建议重新调整北京的销售提成方式，补短

以给予当地销售人员动力，完成更多销售业绩。

而广州的最小值、平均值和最大值差异较大。通过对比，找到差异的最大值

广州作为服装产品的新开辟市场，各销售人员水平参差不齐，分析原因

建议公司给与统一培训，扬长

这样能够帮助公司完成对广州的销售布局。

这些是全部的销售数据和报表，您看一下。

　　"三点法"的作用是通过数据透视表，对数据进行"分类"和"统计"，体现出数据的"分布情况"，找到差异的最大值和最小值，就可以对其进行"现状"和"原因"的分析，从而做出相应的决策并进行汇报。

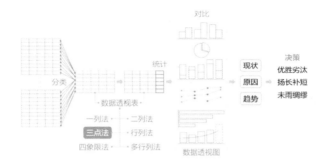

4.2.2 1 分钟完成一张"三点法"数据透视表

扫描后观看
视频教程

　　你已经看到了"三点法"的魅力，接下来就要一步步完成这样的数据透视表和数据透视图。

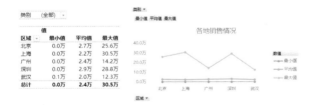

　　首先新建一张数据透视表，并设置为"经典视图"。然后将"区域"拖入列，将"类别"拖入筛选器，将"销售金额"拖入三次。

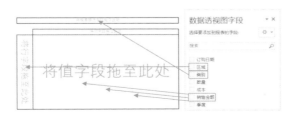

双击左侧的"销售金额"，在弹出的对话框中，输入名称为"最小值"，计算类型选择最小值，最终单击"确定"按钮。双击中部的"销售金额"，在弹出的对话框中，输入名称为"平均值"，计算类型选择平均值，最终单击"确定"按钮。双击右侧的"销售金额"，在弹出的对话框中，输入名称为"最大值"，计算类型选择最大值，最终单击"确定"按钮。

类别	(全部)		
	值		
区域	求和项:销售金额	求和项:销售金额2	求和项:销售金额3
北京	2707341.594	2707341.594	2707341.594
上海	4448529.946	4448529.946	4448529.946
广州	2825718.839	2825718.839	2825718.839
深圳	2348277.33	2348277.33	2348277.33
武汉	1731323.927	1731323.927	1731323.927
总计	14061191.64	14061191.64	14061191.64

然后修改数据透视表的样式、字体和数据显示方式，即可完成数据透视表的制作。

类别	(全部)		
	值		
区域	最小值	平均值	最大值
北京	0.0万	2.7万	25.6万
上海	0.0万	2.2万	30.5万
广州	0.0万	2.4万	14.2万
深圳	0.0万	2.9万	28.8万
武汉	0.1万	2.0万	12.3万
总计	0.0万	2.4万	30.5万

下面再为该数据透视表创建折线图，单击"分析"选项卡中的"数据透视图"按钮，在弹出的窗口中单击"折线图"中的"带数据标记的折线图"即可。

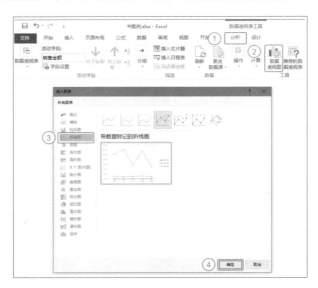

最后调整数据透视图的字体，并添加图表标题。为了能够让数据透视图显示所有的信息，需要将数据显示在数据透视图中，但是给折线图添加数据标签会导致数据重叠看不清，所以"三点法"的数据透视图都是采用"数据表"的方式呈现数据。

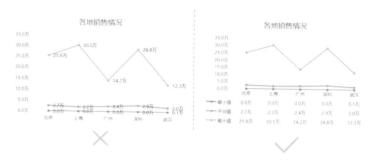

如何为数据透视图添加数据表呢？单击"设计"选项卡中的"添加图表元素"按钮。然后单击"图表标题"中的"显示图理想标示"命令，最后删除图例即可。

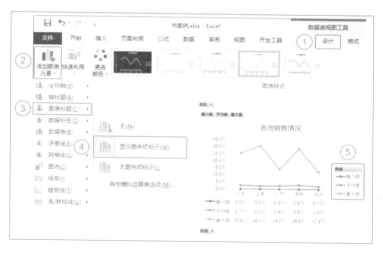

当单击筛选器后，数据透视表和数据透视图都会发生改变。

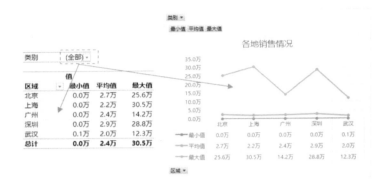

例如上文案例就是筛选器选择了"服装"的结果。

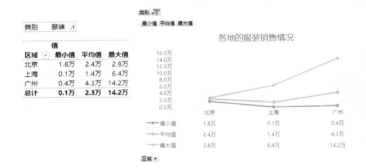

4.2.3 做起来容易，可什么时候用"三点法"

"三点法"是在"一列法"的基础上，对值计算 3 次的方法，所以"三点法"共有以下 3 种。

	最小值	平均值	最大值
数字		数字	

	最小值	平均值	最大值
日期		数字	

	最小值	平均值	最大值
文字		数字	

而对本书案例中的 588 行数据，有 6 列不同数据。

日期	文字	文字	数字	数字	数字
订购日期	区域	类别	数量	成本	销售金额

可以制作出以下 11 种不同的"三点法"数据透视表。

	最小值	平均值	最大值
数量		成本	

	最小值	平均值	最大值
数量		销售额	

	最小值	平均值	最大值
日期		成本	

	最小值	平均值	最大值
日期		销售额	

	最小值	平均值	最大值
日期		数量	

	最小值	平均值	最大值
区域		成本	

	最小值	平均值	最大值
区域		销售额	

	最小值	平均值	最大值
区域		数量	

	最小值	平均值	最大值
类别		成本	

	最小值	平均值	最大值
类别		销售额	

	最小值	平均值	最大值
类别		数量	

如果这些数据透视表加上不同的"筛选器"，将会有更多不同的结果。而上文的"三点法"案例就是属于第 3 行第 2 列的，以"区域"为列，"销售额"为值的"三点法"数据透视表。

本书案例有 6 列数据，就有这么多的"三点法"结果，在工作中该使用哪一个呢？要解决这个问题，需要了解两个前提。

（1）"三点法"是基于"一列法"。

（2）"三点法"的作用是分析数据的"分布情况"。

由于"三点法"基于"一列法"，所以会将"最关心的"放到列，"想对比的"放到值。

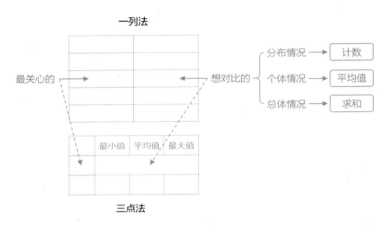

而在一列法中，有"计数""平均值"和"求和"3种统计法，分别用于"分布情况""个体情况"和"总体情况"。"三点法"本身就包含"平均值"，并且它体现的是"分布情况"，所以就只剩下查看"总体情况"的"求和"了。

也就是说在做一个"一列法"数据透视表，并进行"求和"时，可以同时做一个相同"列"和"值"的三点图。

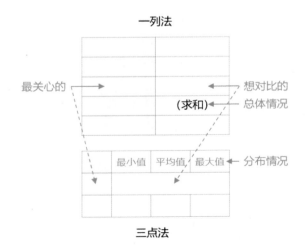

所以在数据汇报中，一旦有"一列法"的"求和"，就会出现相应的"三点法"。

　　例如你是销售总监，那么你会对"区域"感兴趣，想了解各区域的"销售金额"的总体情况和分布情况，于是会制作以下两个数据透视表，并进行数据分析、制定决策和汇报。

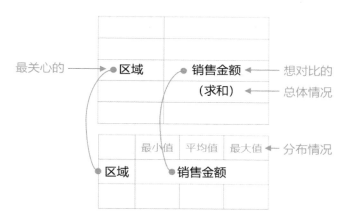

　　如果你是产品经理，那么你会对"产品"感兴趣，想了解各产品的"成本"的总体情况和分布情况，于是会制作以下数据透视表。

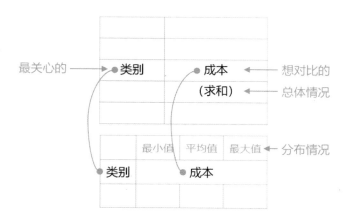

　　除了本案例的数据外，如果你是一名人力资源管理师，那么你会对各个"职级"感兴趣，想了解公司各职级"收入"的总体情况和分布情况，于是会制作以下数据透视表。

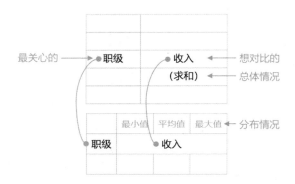

　　需要注意的是，在"一列法"中的"计数"统计方式用于查看"分布情况"，而"三点法"也是查看"分布情况"。如果你想要查看"分布情况"，使用这两种方法都是可以的，但是不能同时出现，因为这样会给解读数据的人带来困扰：同样的"分布情况"，竟然有两种完全不同的解释方式。

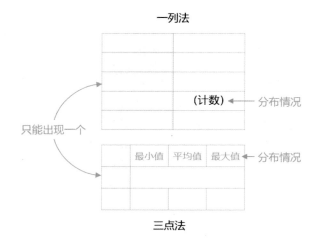

05

惊艳的决策支撑
——Excel 数据分析的 4 个高级思路

"一列法"是所有对数据"分类"和"统计"的数据透视表中最简单的一种。它的特点是数据简单明了，分析起来较为容易。

"三点法"是建立在"一列法"之上，对数据分布情况进行分析的一种方法。

本章将介绍较难的 4 个方法，来让你的决策支撑惊艳到所有的人。

5.1 用"行列法"突显你专业的分析能力

扫描后观看
视频教程

　　"行列法"比"一列法"要复杂得多。看似只是增加了一个"行"字，却让数据透视表变得没有那么容易分析。

行列法

　　首先需要明确的是，"一列法""三点法"和"行列法"都属于使用数据透视表来完成"分类"和"统计"的方法，它们的过程不同，但目的相同：为了做数据分析，为了制定决策。

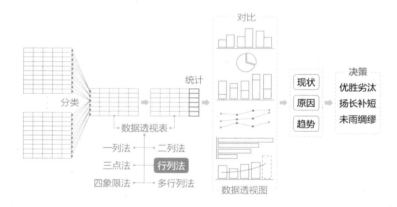

　　其次，不要因为"行列法"比"一列法"和"三点法"难，就认为"行列法"的效果比它们好，这是完全错误的。就像在上一章中，没有使用较难的"行列法"，但所有的数据分析、制定决策和汇报，都是可以让上司信服的。只要能够解决实际问题，不管用"一列法""三点法"还是"行列法"都是可以的，我们追求的是解决工作中的问题，而不是解决技术中的难题。

扫描后观看
视频教程

5.1.1 "行列法"再复杂，也是由"简单"组成的

任何人都可以利用数据透视表的"经典视图"，通过拖曳"行""列"和"值"来做出一个"行列法"的数据透视表。一共有多少种"行列法"呢？罗列所有"行列法"，它会有9种可能的结果（列有3种，行有3种，共9种可能）。

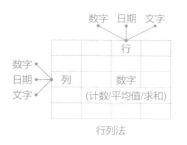

行列法

去除通过行列交换后雷同的结果，共有 6 种不同的"行列法"数据透视表。

	数字			文字	
数字	数字		数字	数字	
	(计数/平均值/求和)			(计数/平均值/求和)	

	数字			日期	
日期	数字		日期	数字	
	(计数/平均值/求和)			(计数/平均值/求和)	

	日期			文字	
文字	数字		文字	数字	
	(计数/平均值/求和)			(计数/平均值/求和)	

而本书案例中的 588 行数据，有 6 列不同数据。其中 1 个日期、2 个文字、3 个数字。

将不同的数据放到"行列法"的数据透视表中，理论上有 65 种不同的结果，再加上每种值有计数、平均和求和这三种方式，也就意味着共有 195 种不同的结果。本书案例仅 6 列数据就有这么多种可能，在实际工作中，十几列数据是非常常见的，那么做出的不同"行列法"数据透视表将会有上千甚至上万种可能。

　　这些巨大的数字不是来吓唬你，让你害怕做数据分析，而是让你知道有很多职场人士因为这些困难而退缩，不敢进行数据分析。本书中的各种思路能让你快速高效地进行数据分析、制定决策和汇报，从众多职场人士中脱颖而出。

　　接下来就要给你"行列法"的思路了，首先要明确一点的是："行列法"的结果是多个"一列法"结果组成的。

　　例如第 3 章所做的数据透视表，就是一个典型的"行列法"数据透视表。

平均销售额	类别						
区域	彩盒	服装	日用品	食品	睡袋	鞋袜	总计
北京	6.0万	2.4万	2.3万	1.5万	2.2万	1.1万	2.7万
上海	1.7万	1.4万	9.6万	1.7万	1.5万	2.0万	2.2万
广州	2.4万	4.3万	3.3万	2.3万	1.5万	1.3万	2.4万
深圳	3.2万		1.3万	3.5万	3.9万	1.5万	2.9万
武汉	2.6万		1.3万	2.4万	1.8万	2.1万	2.0万
总计	3.1万	2.3万	3.5万	2.0万	2.2万	1.7万	2.4万

　　而这张数据透视表是以"区域"为列、"类别"为行、"销售金额"为值，统计平均值。而它可以被拆解为 7 张以"区域"为列、"销售金额"为值、统计平均值的"一列法"数据透视表。

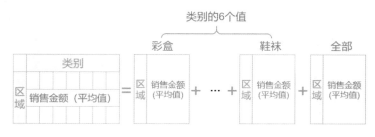

　　详细的拆解结果如下。

彩盒			服装			日用品		
类别	彩盒 .T		类别	服装 .T		类别	日用品 .T	
平均销售			平均销售			平均销售额		
区域 .↓	汇总		区域 .↓	汇总		区域 .↓		汇总
北京	6.0万		广州	4.3万		上海		9.6万
深圳	3.2万		北京	2.4万		广州		3.3万
武汉	2.6万		上海	1.4万		北京		2.3万
广州	2.4万		总计	2.3万		武汉		1.3万
上海	1.7万					深圳		1.3万
总计	3.1万					总计		3.5万

食品			睡袋			鞋袜			全部		
类别	食品 .T		类别	睡袋 .T		类别	鞋袜 .T		类别	(全部) ·	
平均销售额			平均销售额			平均销售额			平均销售额		
区域 .↓	汇总		区域 .↓	汇总		区域 .↓	汇总		区域 .↓	汇总	
深圳	3.5万		深圳	3.9万		武汉	2.1万		深圳	2.9万	
武汉	2.4万		北京	2.2万		上海	2.0万		北京	2.7万	
广州	2.3万		武汉	1.8万		深圳	1.5万		广州	2.4万	
上海	1.7万		上海	1.5万		广州	1.3万		上海	2.2万	
北京	1.5万		广州	1.5万		北京	1.1万		武汉	2.0万	
总计	2.0万		总计	2.2万		总计	1.7万		总计	2.4万	

　　如果单独查看每一个"一列法"的数据透视表，你很容易就能够通过"对比"找到最大值和最小值，从而通过对"现状"的分析，制定"优胜劣汰"的决策，或通过对"原因"的分析，制定"扬长补短"的决策。

　　再直接查看以下原数据透视表。

平均销售额	类别 ▾						
区域 .↓	彩盒	服装	日用品	食品	睡袋	鞋袜	总计
深圳	3.2万		1.3万	3.5万	3.9万	1.5万	2.9万
北京	6.0万	2.4万	2.3万	1.5万	2.2万	1.1万	2.7万
广州	2.4万	4.3万	3.3万	2.3万	1.5万	1.3万	2.4万
上海	1.7万	1.4万	9.6万	1.7万	1.5万	2.0万	2.2万
武汉	2.6万		1.3万	2.4万	1.8万	2.1万	2.0万
总计	3.1万	2.3万	3.5万	2.0万	2.2万	1.7万	2.4万

　　相比之下，你需要面对一行行和一列列的数据。如果你不是一个老手，你可能需要集中注意力去寻找相关信息。

5.1.2　你是怎么看复杂的"行列法"数据透视表的

　　"一列法"可以完全代替"行列法"吗？在实际工作中，大部分情况是完全可以取代的。

扫描后观看
视频教程

在对"行列法"的数据透视表进行分析时,无非就是两种分析方法:"看行"和"看列"。

例如在第 3 章的案例中,我们通过对比找到了在"食品"产品类别中,"深圳"的平均销售额最高。

平均销售额	类别 ▾						
区域 ↓	彩盒	服装	日用品	食品	睡袋	鞋袜	总计
深圳	3.2万		1.3万	3.5万	3.9万	1.5万	2.9万
北京	6.0万	2.4万	2.3万	1.5万	2.2万	1.1万	2.7万
广州	2.4万	4.3万	3.3万	2.3万	1.5万	1.3万	2.4万
上海	1.7万	1.4万	9.6万	1.7万	1.5万	2.0万	2.2万
武汉	2.6万		1.3万	2.4万	1.8万	2.1万	2.0万
总计	3.1万	2.3万	3.5万	2.0万	2.2万	1.7万	2.4万

你需要通过上图中添加的虚线,才能一目了然地看到"食品"这一列。而这样的对比还不如一个"一列法"的数据透视表来得简单。

类别	食品 ▾
平均销售额	
区域 ↓	汇总
深圳	3.5万
武汉	2.4万
广州	2.3万
上海	1.7万
北京	1.5万
总计	2.0万

通过上图,你可以直接看到"食品"的产品类别下,深圳的平均销售额最高。而且在"一列法"的数据透视表中可以自由地进行"降序"排列,而"行列法"的数据透视表却会被其他条件所牵制。例如按照"彩盒"进行降序排列,那么"食品"这列将会被打乱。

同样,在第 3 章的案例中,我们通过对比找到了在"北京"这个"区域"中,"彩盒"的平均销售额最高。

平均销售额	类别 ▾						
区域 ↓	彩盒	服装	日用品	食品	睡袋	鞋袜	总计
深圳	3.2万		1.3万	3.5万	3.9万	1.5万	2.9万
北京	6.0万	2.4万	2.3万	1.5万	2.2万	1.1万	2.7万
广州	2.4万	4.3万	3.3万	2.3万	1.5万	1.3万	2.4万
上海	1.7万	1.4万	9.6万	1.7万	1.5万	2.0万	2.2万
武汉	2.6万		1.3万	2.4万	1.8万	2.1万	2.0万
总计	3.1万	2.3万	3.5万	2.0万	2.2万	1.7万	2.4万

你需要仔细查看才能找到"北京"这一行,然后比对每个数据的大小才能找到"6.0 万"是最大的,然后再向上看到"彩盒",最终确定"北京"的"彩盒"平均销售额最高。如果直接查看下图。

区域	北京 ▾
平均销售额	
类别 ▾	汇总
彩盒	6.0万
服装	2.4万
日用品	2.3万
食品	1.5万
睡袋	2.2万
鞋袜	1.1万
总计	2.7万

你可以在花费极少精力的情况下,就找出在"北京"区域中,"彩盒"的销售额最高,而"鞋袜"的销售额最低。

通过以上两个案例,可以发现在实际工作中,大部分情况下都可以使用"一列法"来代替"行列法",而且使用"一列法"还能进行排序。

5.1.3 如何用"行列法"进行完整汇报

既然大部分情况下都可以使用"一列法"来代替"行列法"，那是否还需要用"行列法"呢？当然需要了。

可以利用"行列法"的大量数据来突显你专业的分析能力，然后在实际进行数据分析和制定决策时，使用"一列法"。

例如在一份《数据分析报告》的"具体分析"中，我们通常会先使用"行列法"的数据透视表来展示整体的数据，然后进行逐个项目的对比和决策分析汇报。

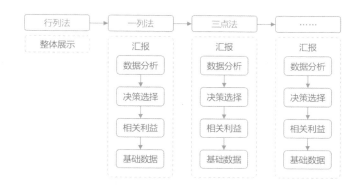

例如在年终进行产品销售汇报时，它的大致流程如下：

"公司本年度的销售金额合计如下图所示。"

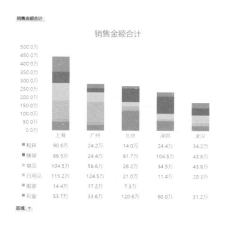

销售金额合计	类别 ▼						
区域 ↓	彩盒	服装	日用品	食品	睡袋	鞋袜	总计
上海	53.7万	14.4万	115.2万	104.5万	66.5万	90.6万	444.9万
广州	33.6万	17.2万	124.5万	58.6万	24.4万	24.2万	282.6万
北京	120.6万	7.3万	21.0万	26.2万	81.7万	14.0万	270.7万
深圳	60.0万	/	11.4万	34.5万	104.5万	24.4万	234.8万
武汉	31.2万	/	20.3万	43.8万	43.6万	34.2万	173.1万
总计	299.1万	39.0万	292.3万	267.6万	320.8万	187.4万	1406.1万

"其中彩盒产品的销售数量在北京区域最大。经过分析是因为彩盒在北京地区采取了'让利促销'的措施，导致了销售量的大增。建议将这种方法也使用到其他区域，以实现公司明年销售额翻番的目标，详细数据如下图所示。"

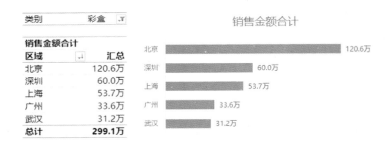

"而对于食品来说，销售额最高的区域是上海。经过分析，是因为在上海的工厂根据当地的风俗重新设计了食品的口味，建议将这种根据地方特色定制产品的策略推广到各区域中，以实现公司抢占市场的目标，详细数据如下图所示。"

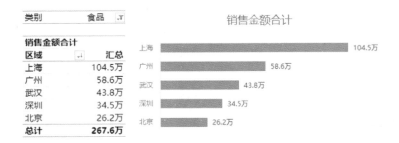

以上数据汇报的思路就是先使用"行列法"整体展示全部数据，然后再将这个数据透视表中的部分数据使用"一列法"进行分析并提供决策。此处的案例仅仅是为了显示"行列法"的作用，详细的《数据分析报告》详见本书后面的案例。

5.1.4　制作专业的"行列法"数据透视表

"行列法"的数据透视表在《数据分析报告》的"具体分析"环节中最先出现，所以如果能够制作一份专业的"行列法"数据透视表，将会给解读《数据分析报告》的人一个良好的印象。

如何制作以下数据透视表呢？

销售金额合计	类别						
区域	彩盒	服装	日用品	食品	睡袋	鞋袜	总计
上海	53.7万	14.4万	115.2万	104.5万	66.5万	90.6万	444.9万
广州	33.6万	17.2万	124.5万	58.6万	24.4万	24.2万	282.6万
北京	120.6万	7.3万	21.0万	26.2万	81.7万	14.0万	270.7万
深圳	60.0万		11.4万	34.5万	104.5万	24.4万	234.8万
武汉	31.2万		20.3万	43.8万	43.6万	34.2万	173.1万
总计	299.1万	39.0万	292.3万	267.6万	320.8万	187.4万	1406.1万

首先创建数据透视表，并将其设置为经典视图。然后将"区域"拖曳到列，"类别"拖曳到行，"销售金额"拖曳到值。

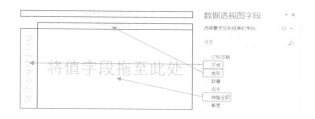

设置字体为"微软雅黑"，数据透视表样式为浅色，修改统计方式为"合计"，将数据的显示方式设置为"0!.0,万"，并将空白单元格填写为"/"。

销售金额合计	类别						
区域	彩盒	服装	日用品	食品	睡袋	鞋袜	总计
北京	120.6万	7.3万	21.0万	26.2万	81.7万	14.0万	270.7万
上海	53.7万	14.4万	115.2万	104.5万	66.5万	90.6万	444.9万
广州	33.6万	17.2万	124.5万	58.6万	24.4万	24.2万	282.6万
深圳	60.0万	/	11.4万	34.5万	104.5万	24.4万	234.8万
武汉	31.2万	/	20.3万	43.8万	43.6万	34.2万	173.1万
总计	299.1万	39.0万	292.3万	267.6万	320.8万	187.4万	1406.1万

由于"行列法"的数据透视表数据较多，也就意味着很难直观地比较每个数据。可以采用给每个数字后面加上"数据条"的方式，让数字的大小可视化。

选中所有非"总计"的数据（因为总计值过大，会导致部分数据的数据条太小而看不清），然后单击"开始"选项卡中的"条件格式"按钮，并单击"数据条"中的蓝色实心填充。

Excel 默认的数据条颜色较深，会影响数字的显示。此外，数据条是从左至右，而数字则是右对齐的，无法一目了然地进行数据解读。

销售金额合计	类别						
区域	彩盒	服装	日用品	食品	睡袋	鞋袜	总计
北京	120.6万	7.3万	21.0万	26.2万	81.7万	14.0万	270.7万
上海	53.7万	14.4万	115.2万	104.5万	66.5万	90.6万	444.9万
广州	33.6万	17.2万	124.5万	58.6万	24.4万	24.2万	282.6万
深圳	60.0万	/	11.4万	34.5万	104.5万	24.4万	234.8万
武汉	31.2万	/	20.3万	43.8万	43.6万	34.2万	173.1万
总计	299.1万	39.0万	292.3万	267.6万	320.8万	187.4万	1406.1万

可以将数据条的颜色修改为浅色，并把它设置为从右至左显示。首先选中非合计的数字部分，单击"开始"选项卡中的"条件格式"按钮，单击"数据条"中的"其他规则"命令。

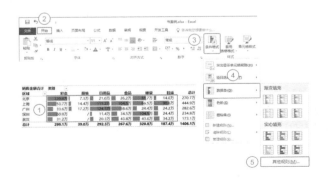

在弹出的窗口中，颜色选择为第二个浅灰色，并将条形图方向设置为"从右到左"，最终单击"确定"按钮。

5.1.5　数据多用堆积柱形图，少用柱形图

在最后，需要给这张数据透视表添加一张数据透视图。在第 3 章的案例中，由于数据较少，可以使用带数据标签的簇状柱形图来显示数据。而在本案例中，数据较多，如果使用带标签的簇状柱形图会形成以下结果。

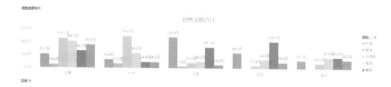

在这样的结果中，数据标签太密集，导致难以进行数据对比。在数据较多时，可以采用堆积柱形图。

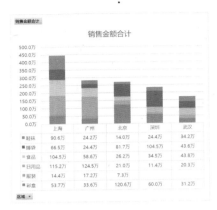

堆积柱形图可以对大量数据进行"对比"，但在处理相差较小的"对比"时却无能为力，因为图形上的柱形太小而无法添加数据标签，而肉眼难以区分差距不大的两个柱形。

堆积柱形图作为一个复杂的数据透视图，还能出现在《数据分析报告》的"具体分析"部分的开篇，用于突显自己专业的分析能力。

如何制作呢？单击数据透视表的任意单元格，然后单击"分析"选项卡中的"数据透视图"按钮，单击"柱形图"中的"堆积柱形图"即可。

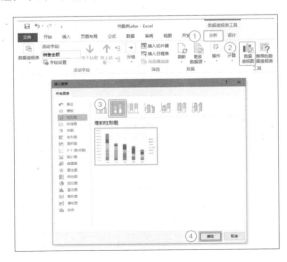

🔒 专栏：不要为数据透视表乱加"数据条"

　　为什么之前的数据透视表都没有添加"数据条"呢？因为数据透视表不会单独出现，它一定会与数据透视图一起呈现。如果为"数字—列法"的数据透视表加上"数据条"，效果如下图所示。

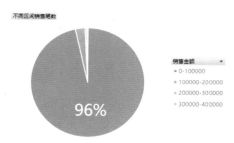

　　饼图已经将数据通过各种扇形的大小来进行比较了，如果再加上数据条，只会分散解读数据人的注意力。

　　如果对"日期—列法"的数据使用"数据条"，效果如下图所示。

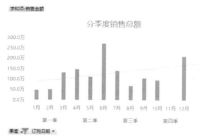

　　"日期—列法"会为数据透视表加上柱形图，并绘制趋势线，柱形图已经能够体现数据的比较了，所以不需要再使用"数据条"。

　　"文字—列法"使用数据条的效果如下图所示。

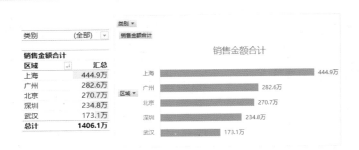

由于数据透视表已经添加了条形图，所以数据条完全重复。此外，由于两个图形的长短不一样，会让解读数据的人产生疑惑："哪个图形是准确的？"

如果在"三点法"中使用数据条，效果如下图所示。

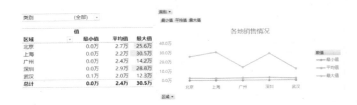

"三点法"利用"折线图"来解析数据的分布，增加数据条之后，将无法突显"折线图"。

综上所述，只有在使用"行列法"或者更复杂的"多行列法"时，才会对数据使用数据条，目的就是能够让数据可以一目了然地进行对比。

5.1.6 把"行列法"拆分成多个"一列法"

前文提到，"行列法"是由多个"一列法"组成的，假如一个《数据分析报告》中需要出现一次"行列法"和多次"一列法"，难道"行列法"做完，还要做多个"一列法"的数据透视表吗？

最简单的方法就是使用"筛选"功能。单击数据透视表中"类别"旁的筛选按钮。

扫描后观看
视频教程

单击筛选项的不同值，可以得到各种"一列法"的结果。但是这种方法不能单独得到"合计"的"一列法"结果。

销售金额合计	
区域	汇总
上海	444.9万
广州	282.6万
北京	270.7万
深圳	234.8万
武汉	173.1万
总计	1406.1万

也就意味着在报告中，无法通过一列法来表述：上海是所有地区中销售总额最高的。

"筛选"按钮虽然简单，但是不能提供我们所需要的功能。所以在实际工作中，将"行列法"拆分成多个"一列法"的最佳方式之一是使用数据透视表的"筛选器"。

单击"类别"，然后将它拖曳到"筛选器"区域。

销售金额合计	类别					
区域	彩盒	服装	日用品	食品	睡袋	鞋袜	总计
上海	53.7万	14.4万	115.2万	104.5万	66.5万	90.6万	444.9万
广州	33.6万	17.2万	124.5万	58.6万	24.4万	24.2万	282.6万
北京	120.6万	7.3万	21.0万	26.2万	81.7万	14.0万	270.7万
深圳	60.0万	/	11.4万	34.5万	104.5万	24.4万	234.8万
武汉	31.2万	/	20.3万	43.8万	43.6万	34.2万	173.1万
总计	299.1万	39.0万	292.3万	267.6万	320.8万	187.4万	1406.1万

通过筛选器，可以单击不同的"类别"。

然后使用上文的方法，为这些"一列法"设置条形图。

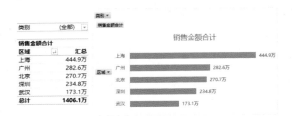

在使用筛选项修改数据透视表时，数据透视图也会自动发生改变。然后再将这些结果分别截图，放置到《数据分析报告》中，这样就能快速制作该"行列法"数据透视表的详细数据分析了。

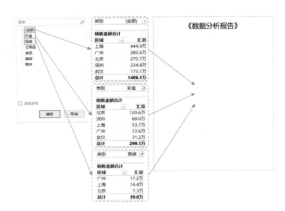

将"行列法"拆分成多个"一列法"后，还可以添加"三点法"，让数据分析更加具有多样性。

5.2 "二列法"就是"行列法"的兄弟

在 6 个数据分析方法中，"二列法"是最为特殊的，因为它就像"行列法"的兄弟一样：所有"二列法"都可以变成"行列法"，所有"行列法"都可以变成"二列法"。

二列法

5.2.1 "二列法"和"行列法"都可以用

上一节"行列法"的案例是将"类别"作为行，"区域"作为列，"销售金额"作为值，并统计求和。

	类别	
区域	销售金额（求和）	

销售金额合计	类别						
区域	彩盒	服装	日用品	食品	睡袋	鞋袜	总计
上海	53.7万	14.4万	115.2万	104.5万	66.5万	90.6万	444.9万
广州	33.6万	17.2万	124.5万	58.6万	24.4万	24.2万	282.6万
北京	120.6万	7.3万	21.0万	26.2万	81.7万	14.0万	270.7万
深圳	60.0万	/	11.4万	34.5万	104.5万	24.4万	234.8万
武汉	31.2万	/	20.3万	43.8万	43.6万	34.2万	173.1万
总计	299.1万	39.0万	292.3万	267.6万	320.8万	187.4万	1406.1万

如果将"类别"这行拖曳至"区域"这列的左侧，则可以得到以下数据透视表。

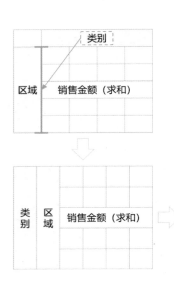

销售金额合计	类别 ▼	
区域		汇总
⊟上海	彩盒	53.7万
	服装	14.4万
	日用品	115.2万
	食品	104.5万
	睡袋	66.5万
	鞋袜	90.6万
上海 汇总		**444.9万**
⊟广州	彩盒	33.6万
	服装	17.2万
	日用品	124.5万
	食品	58.6万
	睡袋	24.4万
	鞋袜	24.2万
广州 汇总		**282.6万**
⊟北京	彩盒	120.6万
	服装	7.3万
	日用品	21.0万
	食品	26.2万
	睡袋	81.7万
	鞋袜	14.0万
北京 汇总		**270.7万**
⊟深圳	彩盒	60.0万
	日用品	11.4万
	食品	34.5万
	睡袋	104.5万
	鞋袜	24.4万
深圳 汇总		**234.8万**
⊟武汉	彩盒	31.2万
	日用品	20.3万
	食品	43.8万
	睡袋	43.6万
	鞋袜	34.2万
武汉 汇总		**173.1万**
总计		**1406.1万**

对比两张数据透视表，发现所有的销售金额数据合计数据中，除了行总计外，其他数据都是一样的，只是显示方式不同。

销售金额合计	类别 ▼						
区域	彩盒	服装	日用品	食品	睡袋	鞋袜	总计
上海	53.7万	14.4万	115.2万	104.5万	66.5万	90.6万	444.9万
广州	33.6万	17.2万	124.5万	58.6万	24.4万	24.2万	282.6万
北京	120.6万	7.3万	21.0万	26.2万	81.7万	14.0万	270.7万
深圳	60.0万	/	11.4万	34.5万	104.5万	24.4万	234.8万
武汉	31.2万	/	20.3万	43.8万	43.6万	34.2万	173.1万
总计	**299.1万**	**39.0万**	**292.3万**	**267.6万**	**320.8万**	**187.4万**	**1406.1万**

销售金额合计	类别 ▼	
区域		汇总
⊟上海	彩盒	53.7万
	服装	14.4万
	日用品	115.2万
	食品	104.5万
	睡袋	66.5万
	鞋袜	90.6万
上海 汇总		**444.9万**
⊟广州	彩盒	33.6万
	服装	17.2万
	日用品	124.5万
	食品	58.6万
	睡袋	24.4万
	鞋袜	24.2万
广州 汇总		**282.6万**
⊟北京	彩盒	120.6万
	服装	7.3万
	日用品	21.0万
	食品	26.2万
	睡袋	81.7万
	鞋袜	14.0万
北京 汇总		**270.7万**
⊟深圳	彩盒	60.0万
	日用品	11.4万
	食品	34.5万
	睡袋	104.5万
	鞋袜	24.4万
深圳 汇总		**234.8万**
⊟武汉	彩盒	31.2万
	日用品	20.3万
	食品	43.8万
	睡袋	43.6万
	鞋袜	34.2万
武汉 汇总		**173.1万**
总计		**1406.1万**

而对于数据的查看来说，"行列法"可以通过筛选来隐藏不需要的数据，而"二列法"可以通过单击每个类别前方的"-"来收缩不需要的数据。

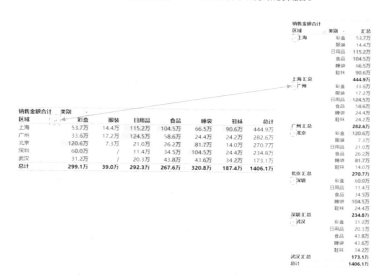

从实际分析的角度来说，"行列法"最终也要被拆分成"一列法"进行比较，而"二列法"也可以被拆分成多个"一列法"，方式与"行列法"相同。所以对于数据透视表来说，两者的区别不大。

而对于数据透视图来说，两者的区别就能体现出来了。

行列法的数据透视图通常采用堆积柱形图，由于堆积柱形图无法使用数据标签，所以会添加数据表，而这时 "行列法"中的各个图形是很难进行比较的。例如需要查看食品在每个区域的销售情况，你需要经过 3 个步骤。

（1）找到"食品"的颜色：黄色。

（2）对比各个黄色的大小。

（3）找到各个黄色对应的数据。

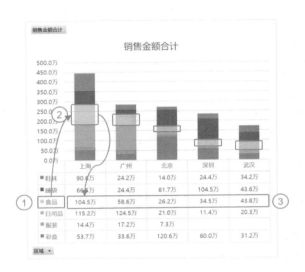

而把该图改回簇状柱形图，可以得到以下结果。例如寻找食品的数据，还是需要3个步骤。

（1）找到"食品"的颜色：黄色。

（2）对比各个黄色的大小。

（3）找到各个黄色对应的数据。

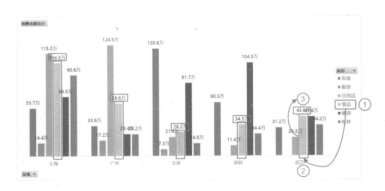

两者在数据对比上都是3个步骤，没有区别。但是簇状柱形图的数字容易被遮住，所以"行列法"通常采用堆积柱形图。

　　而把"二列法"做一个簇状柱形图的数据透视图时，要寻找食品只需从左至右依次找到食品，并查看上方的数据即可。

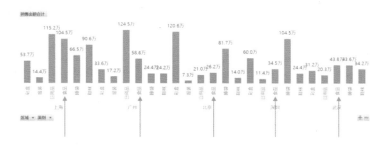

　　也就是说，"二列法"的数据透视图可以更容易地进行对比和分析。

5.2.2　先用"二列法"分析，然后用"行列法"汇报

　　在对大数据进行分析时，如果只有一个关心的指标，可以把它拖到列中，使用"一列法"和"三点法"进行分析，然后再进行汇报。

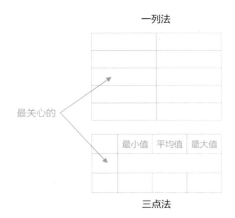

　　而如果有两个关心的指标时，先创建"二列法"进行快速分析，然后制作成"行

列法"并拆分成多个"一列法"或"三点法",供数据汇报使用。当然也可以直接拿"二列法"进行汇报,但是也需要拆分成多个"一列法"或"三点法"。

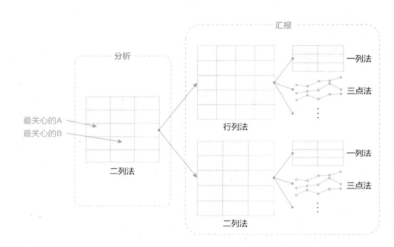

这也是为什么在上一节"行列法"中,没有告诉你如何制作"行列法"的原因。因为在实际操作中,不会先创建"行列法",而是先创建"二列法"。

如何创建一个"二列法"呢?在"一列法"的基础上,再次拖曳一个字段到列即可完成。

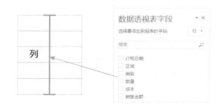

5.3 提升专业度的"四象限法"

在"行列法"的数据透视表中,有一种情况非常特殊,他可以把数据分成 4 个象限,从而进行对比和分析,我把它称作"四象限法"。

四象限法

例如统计不同区间销售金额和不同区间数量的成交笔数。

这样的数据透视表中，数据被划分为 4 个区域，并且包含了 4 个饼图，可以一目了然地对比数据。

5.3.1 "四象限法"的汇报还是使用思路

这样的"四象限法"如何进行汇报呢？

"张总，从本年度的销售情况来看，单笔数量在 3 000 以下，销售金额在 200 000 以下的订单占据了我们全年数据的绝大部分。经过分析，是由于销售人员经验不足的原因导致的，建议明年给所有销售人员增加"大客户销售"的培训课程，这样可以提高销售均单的数量和金额，帮助公司获得更多的利润。这些是全部的销售数据和报表，您看一下。"

本次汇报还是使用之前的思路。采用的是先"数据分析"，然后提供"决策选择"，并给予"相关利益"，最后用"基础数据"来作为数据支撑。

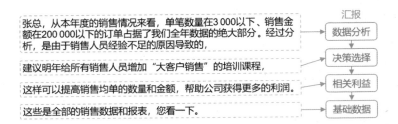

而这样的决策制定，也是通过对比找到最大值，并分析原因进行扬长补短。

5.3.2 如何做一个让人惊艳的"四象限法"

如何做一个如下图所示的"四象限法"数据透视表呢？

扫描后观看
视频教程

笔数	数量			
销售金额	0-1499	1500-2999	3000-4499	4500-5999
0-100000	94.56%	1.19%	0.17%	0.51%
100000-200000	2.04%	0.68%	0.00%	0.00%
200000-300000	0.17%	0.34%	0.00%	0.00%
300000-400000	0.17%	0.17%	0.00%	0.00%

经过分析，它是由一张数据透视表和 4 个饼图组成的。

笔数 销售金额	数量 0-1499	1500-2999	3000-4499	4500-5999
0-100000	94.56%	1.19%	0.17%	0.51%
100000-200000	2.04%	0.68%	0.00%	0.00%
200000-300000	0.17%	0.34%	0.00%	0.00%
300000-400000	0.17%	0.17%	0.00%	0.00%

首先来完成数据透视表。由于最终数据透视表的行高和列宽都需要改动，所以在新建数据透视表时，选择"新工作表"。

将数据透视表设置为"经典视图"后，将"数量"拖曳到行，将"销售金额"拖曳至列和值。

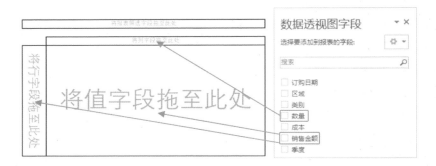

　　然后将统计方式设置为"计数",将名称改为"笔数",将"销售金额"步长设置为"100000"进行分组,将数量的步长设置为"1500"进行分组,并删除行总计和列总计。然后调整所有的文字字体为"微软雅黑",并全部居中显示。

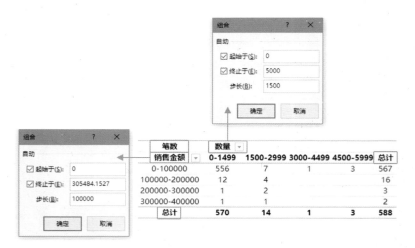

笔数	数量 ▾				
销售金额 ▾	0-1499	1500-2999	3000-4499	4500-5999	总计
0-100000	556	7	1	3	567
100000-200000	12	4			16
200000-300000	1	2			3
300000-400000	1	1			2
总计	570	14	1	3	588

　　接下来就要将数字修改为百分比了,用鼠标右键单击数据透视表的任意单元格,单击"值字段设置"命令,在弹出窗口中单击"值显示方式"选项卡,并选择"总计的百分比",最后单击"确定"按钮。

调整值区域的行高与列宽，将文字设置为垂直居中，并设置 4 个区域的背景色为浅色。

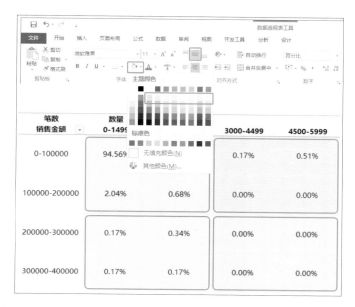

完成数据透视表后，接下来就要制作饼图了。这些饼图并不是数据透视图，而只是"形状"而已。

如何做出一个像饼图一样的形状呢？单击"插入"选项卡中的"形状"，找到

"圆形"与"扇形"。将两者都设置为宽 3 厘米，高 3 厘米，圆形设置为无轮廓，形状填充为浅灰色；扇形设置为无轮廓，形状填充为蓝色。

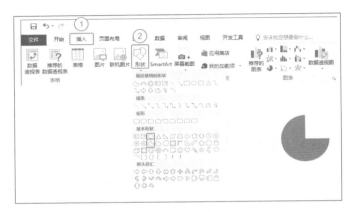

将两个形状重叠在一起，并通过拖曳扇形的黄点来调整扇形形状，最终完成以下图形，最后拖曳至数据透视表内即可。

5.3.3 "四象限法"的创建规则

"四象限法"属于"行列法"中的一种特殊情况，它有 4 个特点。

特点一：行与列都是数字类型。

只有行列都是数字类型，才能进分组设置，形成"四象限"。如果是文字或者日期类型，则与其他普通的"行列法"没有区别。

扫描后观看
视频教程

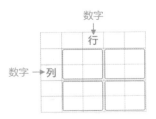

特点二：需要创建 4 行 4 列。

虽然名为"四象限法"，但必须要创建 4 行 4 列。如果是 2 行 2 列，则数据量少，难以说服别人。

如果是 3 行或者 5 行，就没有办法平均分成 4 个象限。所以 4 行 4 列是最

特点四：使用形状的饼图。

佳的数据显示方式之一。

特点三：删除合计。

合计在"四象限法"中没有实际用处。因为使用了饼图，所以解读数据时已经有 4 个象限组成 100% 了。而且添加了总计，数据量过多，还会影响数据解读。

笔数 销售金额	数量 0-1499	1500-2999	3000-4499	4500-5999	总计
0-100000	94.56%	1.19%	0.17%	0.51%	96.43%
100000-200000	2.04%	0.68%	0.00%	0.00%	2.72%
200000-300000	0.17%	0.34%	0.00%	0.00%	0.51%
300000-400000	0.17%	0.17%	0.00%	0.00%	0.34%
总计	96.94%	2.38%	0.17%	0.51%	100.00%

"四象限法"中的数据是百分比，各数据突显的是在总计中的占比，所以用饼图更为合适。而整个饼图不使用数据透视图的原因是数据透视图添加麻烦，饼图制作简单。而且在"四象限法"的数据透视表中，饼图的作用是"示意"，用于解读数据时可以一目了然地对比各象限的数据大小，从而找到最大值和最小值。

另外，在制作饼图时需要符合人们的解读习惯，也就是将所有的扇形都从"12点"方向开始，顺时针制作。

"四象限法"与其他方法一样,是一种"分类"和"统计"的手段,用于对数据进行对比,从而制定决策。

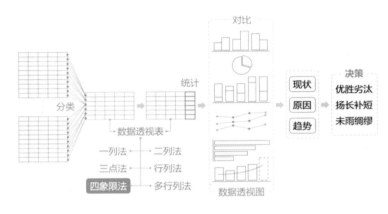

而"四象限法"在数据分析报告中的应用,详见后面的介绍。

5.4 用"多行列法"突显你大神级的分析能力

扫描后观看
视频教程

既然有"一列法""二列法"和"行列法",那一定还有"二列一行法""一列二行法""二行二列法"等,我们把这些都称为"多行列法"。

| 二列一行法 | 一列二行法 | 二列二行法 |

5.4.1　复杂的"二列一行法"

　　"多行列法"有很多种，以"二列一行法"为例，它的结果建立在"行列法"之上，如下图所示案例。

销售笔数		类别						
区域	销售金额	彩盒	服装	日用品	食品	睡袋	鞋袜	总计
⊟ 北京	0-100000	15	3	9	18	38	13	96
	100000-200000	4	/	/	/	/	/	4
	200000-300000	1	/	/	/	/	/	1
北京 汇总		20	3	9	18	38	13	101
⊟ 上海	0-100000	32	10	8	60	43	45	198
	100000-200000	/	/	1	1	/	1	3
	200000-300000	/	/	1	/	/	/	1
	300000-400000	/	/	2	/	/	/	2
上海 汇总		32	10	12	61	43	46	204
⊟ 广州	0-100000	14	3	35	26	16	18	112
	100000-200000	/	1	3	/	/	/	4
广州 汇总		14	4	38	26	16	18	116
⊟ 深圳	0-100000	17	/	9	10	24	16	76
	100000-200000	2	/	/	/	2	/	4
	200000-300000	/	/	/	/	1	/	1
深圳 汇总		19	/	9	10	27	16	81
⊟ 武汉	0-100000	11	/	16	18	24	16	85
	100000-200000	1	/	/	/	/	/	1
武汉 汇总		12	/	16	18	24	16	86
总计		97	17	84	133	148	109	588

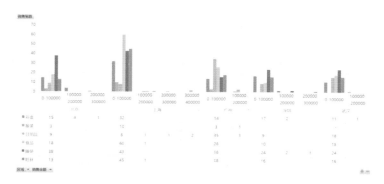

　　这样的数据透视表有什么作用呢？它能够用一张表就体现出：不同区域中，各产品在各阶段销售金额的笔数。看似很有用，却在实际进行对比时犯了愁："对比哪些数据？"

　　"多行列法"比"行列法"做出的结果数据量还要庞大，需要花费大量的精力进行数据分析，但它可以在《数据分析报告》中突显出你专业的分析能力。而真正地进行数据对比分析和制定决策，还是需要使用"一列法"。

下面就来解析如何制作一个"二列一行法"的数据透视表。

先按上文的方法，制作一个以"区域"为列、"类别"为行、"销售金额"为值的数据透视表，然后将"销售金额"拖曳至"列"的右侧。

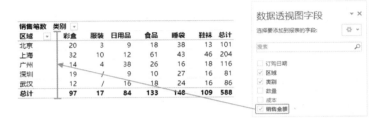

然后再为数据透视表中的数字添加数据条，即可完成数据透视表。

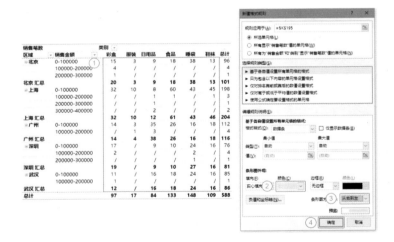

由于"二列一行法"的数据复杂，无论用什么数据透视图都无法变得简单。既然如此，就用最复杂的柱形图，并把它放在《数据分析报告》的"具体分析"的开始部分，这样可以突显你大神级的数据分析能力。

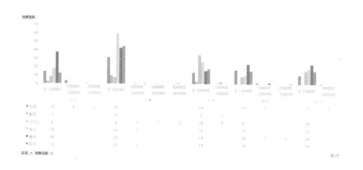

5.4.2 把"二列一行法"分成多个"一列法"

在《数据分析报告》中，"二列一行法"的数据透视表可以让人觉得你的数据分析能力是大神级别的。但是真正在进行数据分析时，"一列法"会有用得多。

如何把一个"二列一行法"变成多个"一列法"呢？如果使用上文的"筛选器"，将"类别"和"区域"都拖曳到筛选器区域。

销售笔数		类别						
区域	销售金额	彩盒	服装	日用品	食品	睡袋	鞋林	总计
- 北京	0-100000	15	3	9	18	38	13	96
	100000-200000	4	/	/	/	/	/	4
	200000-300000	1	/	/	/	/	/	1
北京 汇总		20	3	9	18	38	13	101
- 上海	0-100000	32	10	8	60	43	45	198
	100000-200000	/	/	1	1	/	1	3
	200000-300000	/	/	1	/	/	/	1
	300000-400000	/	/	2	/	/	/	2
上海 汇总		32	10	12	61	43	46	204
- 广州	0-100000	14	3	35	26	16	18	112
	100000-200000	/	1	3	/	/	/	4
广州 汇总		14	4	38	26	16	18	116
- 深圳	0-100000	17	/	9	10	24	16	76
	100000-200000	2	/	/	/	2	/	4
	200000-300000	/	/	/	/	1	/	1
深圳 汇总		19	/	9	10	27	16	81
- 武汉	0-100000	11	/	16	18	24	16	85
	100000-200000	1	/	/	/	/	/	1
武汉 汇总		12	/	16	18	24	16	86
总计		97	17	84	133	148	109	588

得到的数据透视表结果如下图所示。

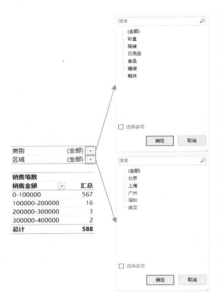

这样就可以完成"一列法"的数据透视表，然后制作相应的数据透视图。

将"多行列法"拆分成多个"一列法"后，还可以添加"三点法"。最后将这些"一列法"和"三点法"的数据透视表和数据透视图截图到《数据分析报告》中，这样就可以进行对比分析和制定决策了。

5.4.3　给"二列一行法"做筛选的窍门

当前有"类别""区域"和"销售金额"，它们都可以拖曳到筛选器中，到底拖曳哪两个呢？上文提供了将"类别"和"区域"作为筛选器的结果，以下提供剩余的两种结果。

将"类别"和"销售金额"拖曳至筛选器后，结果如右图所示。

扫描后观看
视频教程

这样的筛选器结果与上文有何不同呢？以此图为例，它重点是查看各区域中，不同类别在不同销售区间的销售笔数，例如查看各地区彩盒销售金额在"0-10000"的情况。它的分析重点在于"地区"，这才是你所关心的。

将"区域"和"销售金额"拖曳至筛选器后，结果如下图所示。

此数据透视表的目的是查看各类别在不同销售区间和不同区域的销售笔数，例如查看各类别北京销售金额在"0-10000"的情况。它的分析重点在于"类别"，这才是你所关心的。

也就是说，不管数据透视图多么复杂，在"一列法"的数据透视表中，都要把你最关心的分析重点放到列，而将其他数据放到筛选器中。

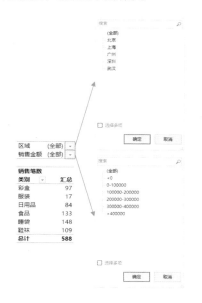

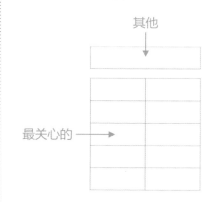

5.4.4 "多行列法"再复杂都有规律

完成了一个"二行一列法"的数据透视表后，你不禁会思考，一共有多少种"二行一列法"呢？把"数字""日期"和"文字"这 3 种类型的数据放到"二列一行法"中，理论上有 27 类"二列一行法"。

扫描后观看
视频教程

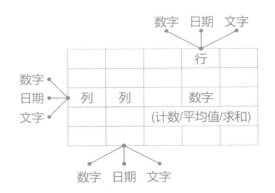

而根据本书案例的 6 列，会有 216 种结果。

上文解析的数据透视表只是"二列一行法"的一种，在这么多的选择下，该如何制作"二列一行法"呢？

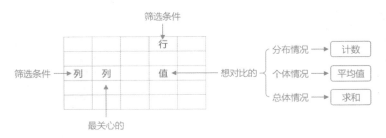

通常会将最关心的数据放在第 2 列，而将筛选条件放到第 1 列和第 1 行中，这样可以让最关心的数据最靠近值。

而这也是"多行列法"数据透视表的第 1 条准则："把最关心的项目放到最靠近值的列"。

"多行列法"数据透视表的第 2 条准则就是："只有一行"。因为在解读数据时，通过"列"的对比要比通过"行"的对比简单得多，所以会尽量将数据放到列，而不是行。

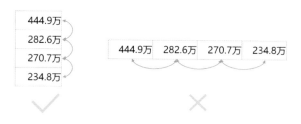

综上所述，"多行列法"的最终结果如下图所示。

不管"多行列法"有多复杂，它的思路还是：将"多行列法"放到《数据分析报告》的"具体分析"部分的头部，在具体进行分析时，全部拆解为"一列法"的数据透视表。而拆分的方法仍然是：将最关心的数据作为列，其他数据放到筛选器中。

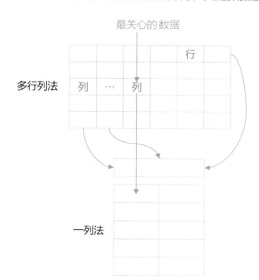

　　在整个数据分析的过程中，"多行列法"与其他方法一样，都是将数据进行"分类"和"统计"，用于对数据进行对比，从而做出决策。

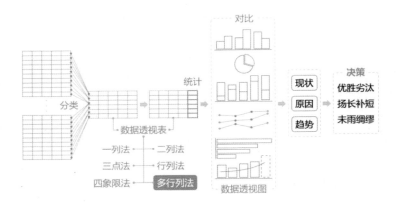

06

利用 Excel 升职加薪
——数据分析报告这样做才牛

上文提供了许多分析报告样例，但都以一张分类汇总或一张数据透视表作为基础，来进行分析汇报。这样碎片化的汇报如果能组成可供打印或进行演讲的文稿，那么将突显你在工作岗位上的价值，帮助你升职加薪。

本章会围绕一份完整的数据分析报告该如何制作进行介绍，同时提供各种情境下的数据分析案例。

6.1 用《数据分析报告》来展现你的工作成果

你在工作中的付出无法每分每秒都被其他人所看到，而《数据分析报告》就是将你工作成果展现的绝佳机会。

6.1.1 数据分析报告的 4 种工作情境

什么时候需要制作《数据分析报告》呢？《数据分析报告》会出现在以下 4 种情境中。

扫描后观看
视频教程

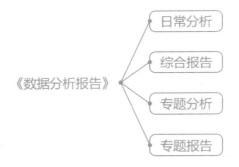

"日常分析""综合报告""专题分析"和"专题报告"的受众、呈现方式和目的各有不同，它们的详细区别如下表所示：

	受众	方式	目的	举例
日常分析	同事	讨论	分析 + 决策	《2020 年 12 月数据通报》
综合报告	领导	演讲	汇报	《2020 年度销售业绩报告》
专题分析	同事	讨论	分析 + 决策	《2020 年业绩下滑专题研讨会》
专题报告	领导	演讲	汇报	《2020 年业绩下滑专题分析报告》

"日常分析"是同事在一起进行的定期讨论，目的是分析大数据中的"现状""原因"和"趋势"，并制定各种决策。

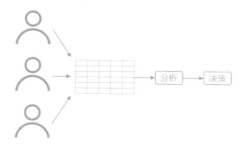

通常是大家围坐在投影仪前，由一个人完成 Excel 的实时操作。如果你已经有一些思路了，可以将自己对数据进行的"分类"和"统计"的数据透视表打印出来，供其他人参考，例如《2020 年 12 月数据通报》。

"综合报告"通常会在每个季度或每一年度，面对领导进行演讲，目的就是汇报上一季度数据的现状、原因与趋势，并提供相对应的决策和相关利益。

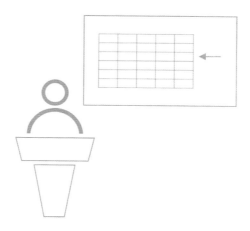

在这个过程中，为了能够提高数据的可信度，突显你的工作成果，需要 PPT 版的《数据分析报告》供演讲使用，并同步制作一份《数据分析报告》的纸质版供领导思考和批示。整个过程中不会出现 Excel 的界面，这也就意味着要使用 Word 和 PPT 来呈现结果，例如《2020 年度销售业绩报告》。

"专题分析"是根据当前出现的问题，与同事围坐在一起探讨解决问题的方案。

与"日常分析"相同，大家以 Excel 的实时操作为主，分析"现状""原因"和"趋势"，从而制定相应的决策。

"专题报告"是将"专题分析"的决策汇报给领导的一个过程。整个过程不会出现 Excel，只会使用到 Word 和 PPT。

也就是说，"日常分析"与"专题分析"可以直接操作 Excel，这样可以实时进行图表的创建与操作，你不需要本节的知识就可以胜任了。

"综合报告"和"专题报告"则需要制作用于打印的 Word 和用于演讲的 PPT，而制作 Word 和 PPT 的思路，将会是本节的重点。

扫描后观看
视频教程

6.1.2　一张图说清楚《数据分析报告》的结构

无论是 Word 还是 PPT，它们的整体结构都是一样的。

标题页是为了让领导能够一眼看出本次分析报告的主题，而《数据分析报告》的标题的制定可以归纳为 6 种类型：主题、现象、原因、趋势、决策和利益。

6.1.3　"标题"的思路

扫描后观看
视频教程

标题类型	说明	实例
主题	本次报告的主题	《2020 年上海地区销售汇报》 《第四季度人员薪资汇总》
现象	数据反映出的现象	《产品库存配置不合理》 《公司占有 70% 的市场》
原因	数据分析中得出的原因	《人才梯队不完善才导致业绩低迷》 《客户怎么流失的？》

续表

标题类型	说明	实例
趋势	数据的趋势	《主营业务收入明年将平稳上涨》 《部门下一季度业绩将会下滑》
决策	数据分析后做出的决策	《生产部门需要招聘新员工》 《北京地区产品需要整改》
利益	决策实施后可以获得的利益	《如何让成本降低 10%》 《怎样获得千万利润》

以上 6 种标题的制定方法都是在数据分析和汇报过程中产生的，所以不需要额外花费精力去思考。你也可以制定一些创造性的标题，比如《谁动了我的市场》《怎么把公司搞上市》。

在制作 Word 和 PPT 版本的《数据分析报告》时，需要在标题页加上自己的版权信息和汇报时间，如下图所示。

Word   PPT

6.1.4 "目录"的思路

目录可以在短时间内让领导知道接下来的汇报由哪些内容组成，所以需要在目录中列出各章节的名称。同时，目录的章节可以反映出数据分析的思路。而在 Word 版的《数据分析报告》中，还需要为各章加上页码，方便领导快速翻阅，如下图所示。

扫描后观看
视频教程

Word   PPT

6.1.5 "报告背景"和"分析目的"的思路

"报告背景"是一个引子，能够让领导慢慢进入听取数据汇报的过程。如果没有背景，则数据报告会显得非常突兀。通常"报告背景"会描述与汇报内容相关的一些"现状"，例如以下案例。

报告背景：我公司的业务范围涵盖全国 21 个省市，其中在北京的业务已经开展了 6 年，这 6 年来的销售业绩稳定，现在占据整个公司主营业务收入的 20% 以上。

"分析目的"用于描述本次汇报的目标，通常就是将各个具体分析中的"相关利益"集合在一起，让领导在听取汇报之前就能够提起兴趣，然后再加上"具体分析"部分的各名称就可以了，例如以下案例。

分析目的：北京是如何保持销售业绩稳定的呢？如何能够将北京的成功经验复制到其他区域，以实现公司的利润爆发式增长呢？接下来，我将从网点成本分析、产品利润分析和各月销售分析三个角度展开说明。

6.1.6 "具体分析"的思路

"具体分析"是整个数据分析报告最重要的部分，而它的思路可以用下图来表示。

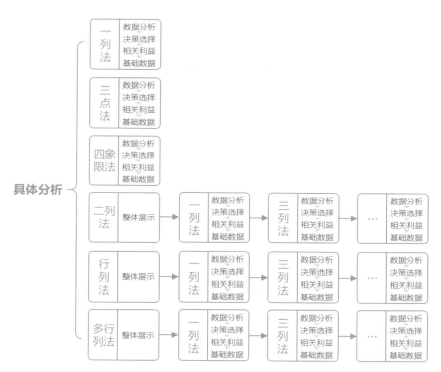

具体分析过程可以有 6 种方法："一列法""三点法""四象限法""二列法""行列法"和"多行列法"。其中，"二列法""行列法"和"多行列法"仅用于整体展示数据，详细的数据分析还需要拆分成"一列法"或者"三列法"来完成。

"一列法""三点法"和"四象限法"的汇报过程为：先进行"数据分析"，然后给予"决策选择"，并给予每个决策的"相关利益"，最后用"基础数据"作为决策支撑。

"数据分析""决策选择"和"基础数据"都来自于本书前面所介绍的思路。

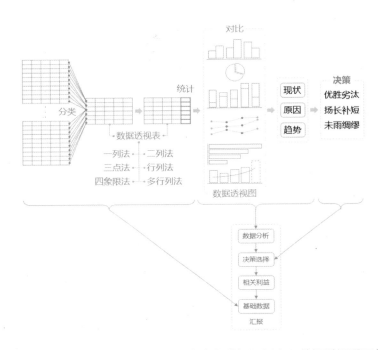

需要注意的是，在本书的解析过程中会有数据透视表和数据透视图两部分。在汇报的 PPT 中，由于用于汇报而不是分析，所以只会出现数据透视图。而在 Word 中，可以同时出现这两种数据。

为了能够提升数据透视图的美观性，一般需要隐藏数据透视图上的"按钮"。这些按钮只在讨论时供分析不同数据而用，汇报时不会使用。隐藏方法如下。

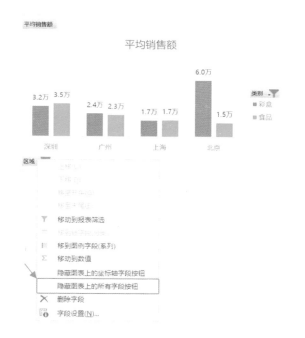

6.1.7 "相关利益"的思路

在汇报中，"数据分析""决策选择"和"基础数据"都来自于本书所介绍的思路，只剩下"相关利益"需要自己花费精力去思考。而"相关利益"也有思路，通常的相关利益都来自于以下几个方面。

类别	相关利益
员工	考试通过率提升、增加晋升通道和岗位宽度、指标完成率提升、执行力提升、领导力提升、工作效率提升。
产品	产品成本降低、合格率提升、库存降低、流通成本降低、优品率提升、产品错误率降低

续表

类别	相关利益
人力	人力成本降低、人员错误率降低、人才流失率降低、人员能效比增高、员工满意度提升、
销售	销售成本降低、销售额增长、销售均单增加、销售成功率增加、利润增长
营销	市场占有率提高、市场影响加大、品牌行形象提升，规避市场风险
财务	主营业务成本降低，资产流动比率提升、盈利能力提升、资本金利润率提升
客户	客户满意度提升、客户粘度增加、客户投诉率降低、大客户数增多、客户浏览量增加
领导	降低领导的业绩压力，提升领导的管理效率，减少领导的精力支出

你可以根据自己的情况，选择合适的相关利益来进行完整的汇报。

6.1.8 "综合结论"的思路

扫描后观看
视频教程

在完成了所有的具体分析后，就需要进行综合结论了。由于在具体分析的每个环节都有相应的"决策选择"，所以只需要在综合结论时，将所有的"决策选择"汇聚到一起就可以了。例如以下案例。

"综合结论：综上所述，建议在下一年度开展全公司销售人员的培训、调整产品的库存策略，并将上海的营销方式复制到全国。"

6.2 常见的数据分析该这么玩

Excel 在人力资源管理的工作中使用频率颇高，人力资源管理的六大模块"战略规划""招聘配置""培训开发""薪酬管理""绩效福利"和"劳动关系"，无一不与 Excel 息息相关。

扫描后观看
视频教程

本节将介绍《2020 年度人力资源管理报告》中的"具体分析"部分，包含了人员结构分析、薪资分析和员工绩效与能力分析。

6.2.1 整体人员结构分析

在年度人力资源管理的分析中，必定会出现的就是人员结构分析，如下图所示。

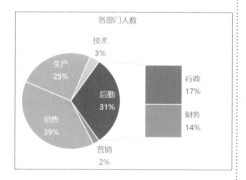

这张数据透视图的来源是以下数据透视表，但是该数据透视表不会出现在汇报中。

人数	
部门 ↓	汇总
营销	9
销售	166
生产	106
技术	14
行政	71
财务	59
总计	**425**

这是一张以"部门"为列，进行人数统计的"一列法"数据透视表，制作了相应的复合条饼图。根据上图的数据，可以做出以下汇报。

"根据数据显示，后勤（行政＋财务）人员占比达到30%，高于市场平均值，建议缩减人员或进行换岗，这样可以降低人员成本；营销人员占比过低，而销售人员高达37%，公司在追求短期利益的同时忽略了长期市场，建议招聘新的人员，以提升公司的营销能力；技术人员占比过低，远低于市场平均值，公司忽略了对技术的培养，建议招聘新技术人员，以提升公司新产品开发的能力。以下是本次人员结构分析的详细数据。"

　　以上内容就是按照汇报的思路来做的。

　　而决策的制定，也是遵循数据分析的思路：先寻找较大值和较小值，然后根据"现状"，进行"扬长补短"。

6.2.2 分部门各级别人员结构分析

　　在整体人员结构分析完毕后，就是分部门各级别人员结构分析了。首先提供一张"二列法"的数据透视图。

扫描后观看
视频教程

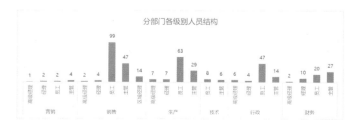

这张数据透视图的来源是以下数据透视表，但是该数据透视表不会出现在汇报中。

人数		
部门 ↓	行政级别 ▾	汇总
⊟营销	高级经理	1
	经理	2
	员工	2
	主管	4
营销 汇总		**9**
⊟销售	高级经理	2
	经理	4
	员工	99
	主管	47
	区域经理	14
销售 汇总		**166**
⊟生产	高级经理	7
	经理	7
	员工	63
	主管	29
生产 汇总		**106**
⊟技术	员工	8
	主管	6
技术 汇总		**14**
⊟行政	高级经理	6
	经理	4
	员工	47
	主管	14
行政 汇总		**71**
⊟财务	高级经理	2
	经理	10
	员工	20
	主管	27
财务 汇总		**59**
总计		**425**

它是将"部门"和"行政级别"作为行，并统计人数个数的"二列法"数据透视表。在实际汇报时，需要拆分成多个"一列法"进行分析。详细的分析汇报如下。

"根据数据显示，财务部门中相对员工较少，而主管级以上的员工比重较大，远超员工，建议调整层级结构，以节省薪资支出。"

"在技术部门中，均为主管与员工，说明公司对技术人员并未形成序列管理系统，技术人员会与其他部门员工进行比较。建议建立序列管理系统，以降低技术人员的离职风险。"

"营销部门中，员工较少，主管级以上人员较多，明显为知识型部门。建议调整层级结构，以节省薪资支出。"

"销售部门的层级过多，建议重新梳理序列管理系统，以免决策反应过慢。"

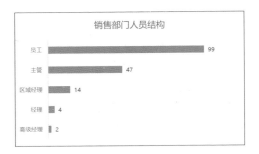

"详细的数据请查看各图表。"

这样的分析仍然遵从汇报的整体流程。

每个决策的制定仍然是通过对比寻找差异，以分析"现状"，从而做出"扬长补短"的决策。

6.2.3 分区域各部门人员结构分析

按照区域和部门来查看人员结构的数据透视图如下。

扫 描 后 观 看
视 频 教 程

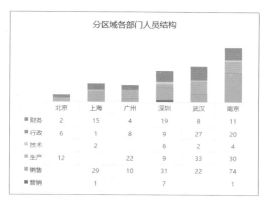

分区域各部门人员结构

	北京	上海	广州	深圳	武汉	南京
■ 财务	2	15	4	19	8	11
■ 行政	6	1	8	9	27	20
■ 技术		2		6	2	4
■ 生产	12		22	9	33	30
■ 销售		29	10	31	22	74
■ 营销		1		7		1

这张数据透视图的来源是以下数据透视表，但是该数据透视表不会出现在汇报中。

人数	部门						
区域	营销	销售	生产	技术	行政	财务	总计
北京	/	/	12	/	6	2	20
上海	1	29	/	2	1	15	48
广州	/	10	22	/	8	4	44
深圳	7	31	9	6	9	19	81
武汉	/	22	33	2	27	8	92
南京	1	74	30	4	20	11	140
总计	9	166	106	14	71	59	425

它是将"区域"作为列，"部门"作为行，统计人数合计的"行列法"数据透视表，采用了堆积柱形图的方式来显示数据透视图。在具体进行对比分析并制定决策时，还是需要拆分为"一列法"，详细的分析汇报如下。

"根据数据显示，南京的销售人员远超过其他区域，比深圳与上海的总和还多，建议结合销售报表和产品市场占有率，调整南京的销售人员人数，以节省南京区域薪资支出，以下是详细的数据报表。"

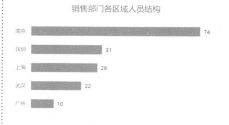

销售部门各区域人员结构

"在武汉的行政人员远超过其他区域，比深圳、广州、北京和上海的总和还多，建议结合当地所有工作人员数量，调整武汉的行政人数，以节省南京区域薪资支出，以下是详细的数据报表。"

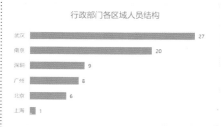

行政部门各区域人员结构

以上的汇报仍然采用了汇报的思路。

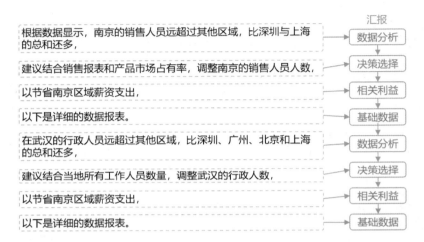

而这些决策制定的流程，也是先对比，找到最大值，分析现状，然后进行扬长补短。

6.2.4 各行政级别的薪资分析

在薪资分析中，通常采用的就是"三点法"了。

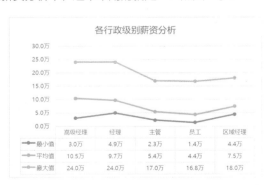

这张数据透视图的来源是以下数据透视表，但是该数据透视表不会出现在汇报中。

<table>
<tr><td>区域</td><td>(全部)</td><td>▾</td></tr>
<tr><td>部门</td><td>(全部)</td><td>▾</td></tr>
</table>

	值		
行政级别 ▾	最小值	平均值	最大值
高级经理	3.0万	10.5万	24.0万
经理	4.9万	9.7万	24.0万
主管	2.3万	5.4万	17.0万
员工	1.4万	4.4万	16.8万
区域经理	4.4万	7.5万	18.0万
总计	1.4万	5.4万	24.0万

上图就是查看各行政级别薪资的最小值、平均值和最大值，详细的数据分析如下。

这样汇报仍然使用了以下思路。

"根据数据显示，除了销售部门仅有的区域经理外，经理的最小值明显高于高级经理的最小值，需检讨经理及工资的设置合理性，建议提高高级经理的最小值，以免产生人员流失。高级经理与经理的最大值接近，建议降低经理级别的最大值，以节省薪酬支出，以下是详细数据。"

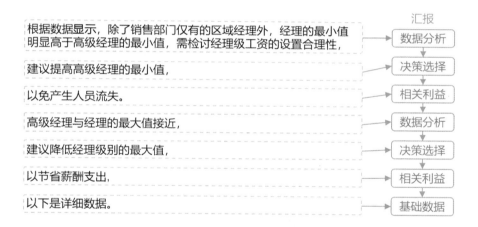

而决策的制定也是根据对比找到差异，并分析现状，做出决策。

6.2.5 各部门薪资分析

在对各部门的薪资做分析时，可以使用以下数据透视图表。

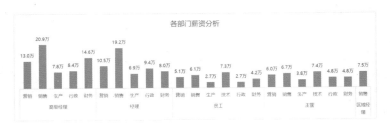

这张数据透视图的来源是以下数据透视表，但是该数据透视表不会出现在汇报中。

薪资平均值		
行政级别 ▼	部门 ↓↑	汇总
⊟高级经理	营销	13.0万
	销售	20.9万
	生产	7.8万
	行政	8.4万
	财务	14.6万
高级经理 汇总		**10.5万**
⊟经理	营销	10.5万
	销售	19.2万
	生产	6.9万
	行政	9.4万
	财务	8.0万
经理 汇总		**9.7万**
⊟员工	营销	5.1万
	销售	6.1万
	生产	2.7万
	技术	7.3万
	行政	2.7万
	财务	4.2万
员工 汇总		**4.4万**
⊟主管	营销	6.0万
	销售	6.7万
	生产	3.8万
	技术	7.4万
	行政	4.8万
	财务	4.8万
主管 汇总		**5.4万**
⊟区域经理	销售	7.5万
区域经理 汇总		**7.5万**
总计		**5.4万**

它是将"行政级别"和"部门"做列，统计薪酬的平均值的"二列法"，在实际分析时需要拆分为多个"一列法"

进行汇报。实际汇报如下。

"根据数据显示，生产部门的高级经理低于行政部门，不符合市场规律，建议增加生产部门高级经理的薪酬，以防人才流失，详细数据如下。"

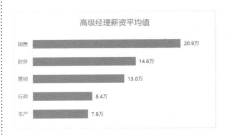

"而技术部门的员工收入要高于销售部门，这样不符合市场规律，建议调整这个两部门的薪资水平，以防人才流失，详细数据如下。"

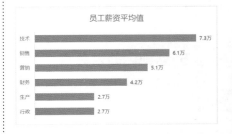

这样的汇报，符合本书提供的思路。

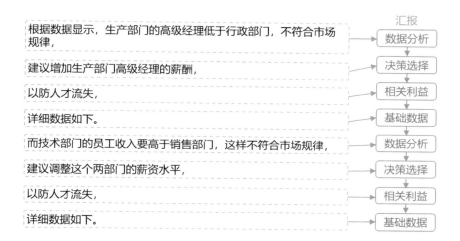

而决策的制定，来源于对数据对比过程中的异常做出扬长补短的措施。

市场规律是什么？当前各领域各级别的薪酬信息从哪里获得呢？对于人力资源管理来说，这个问题非常重要。其实通过 0~3 年的新员工薪酬就可以反映当前市场的薪酬情况。因为在招聘中，新员工会与你协商薪酬，而此时的结果就是市场的薪酬规律。

6.2.6 工龄薪资分析

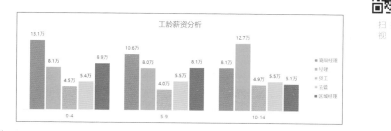

扫描后观看
视频教程

上面这张数据透视图的来源是以下数据透视表，但是该数据透视表不会出现在汇报中。

薪资平均	行政级别					
工龄	高级经理	经理	员工	主管	区域经理	总计
0-4	13.1万	8.1万	4.5万	5.4万	8.9万	5.4万
5-9	10.6万	8.0万	4.0万	5.5万	8.1万	5.0万
10-14	8.1万	12.7万	4.9万	5.5万	5.1万	5.9万
总计	10.5万	9.7万	4.4万	5.4万	7.5万	5.4万

它是将工龄做列，并按步长为"5"进行分组，将行政级别做行，计算薪资平均值的"行列法"数据透视表。在实际汇报时需要将它拆分为多个"一列法"。详细汇报如下。

"根据数据显示，高级经理的各工龄薪酬出现逆序现象，0~4 年工龄的平均薪酬最高，5~9 年工龄的平均薪酬其次，而 10~14 年工龄的平均薪酬最低，建议调整各高级经理的各工龄工资，以免出现大量的人员流失，以下是详细数据。"

"而在 10~14 年工龄的员工中，经理的薪酬远高于高级经理的薪酬，这样明显是不合理的，建议调整这两个级别的 10~14 年工龄的薪资水平，以防高级经理的流失，以下是详细数据。"

这样的汇报流程如下图所示。

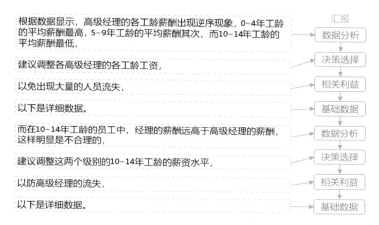

根据数据显示，高级经理的各工龄薪酬出现逆序现象，0~4年工龄的平均薪酬最高，5~9年工龄的平均薪酬其次，而10~14年工龄的平均薪酬最低，

建议调整各高级经理的各工龄工资，

以免出现大量的人员流失，

以下是详细数据。

而在10~14年工龄的员工中，经理的薪酬远高于高级经理的薪酬，这样明显是不合理的，

建议调整这两个级别的10~14年工龄的薪资水平，

以防高级经理的流失，

以下是详细数据。

汇报

数据分析

决策选择

相关利益

基础数据

数据分析

决策选择

相关利益

基础数据

它所有的决策仍然是通过数据对比寻找差异，分析现状，然后制定扬长补短的决策。

6.2.7 "绩效"与"能力"的"四象限法"数据分析

对于人力资源管理工作来说，年底员工的绩效与能力对比是工作的重点，可以使用下图来进行汇报。

扫描后观看
视频教程

人数 绩效 能力	1-25	26-50	51-75	76-100
1-25	5.65%	7.06%	5.41%	6.59%
26-50	4.94%	6.12%	6.35%	7.76%
51-75	7.76%	5.88%	8.47%	6.12%
76-100	6.35%	4.47%	4.94%	6.12%

　　上图是将"能力"做列，并根据步长"25"分组；将"绩效"做行，并根据步长"25"分组。然后插入 4 个饼图。

　　实际的分析汇报过程如下。

　　"在公司中，能力差、绩效差的员工占据不到四分之一。能力差、绩效也差属于正常现象。建议关注直属主管工作能力，并给予这些员工培训或调岗，以防他们成为公司的懒虫。

　　"能力差，绩效好，这说明这些员工工作很努力。建议给予适当的引导和培训，提升他们的能力，这样可以获得更好的绩效。

　　"能力强，绩效差，这说明这些员工不适合当前岗位，结合工龄，考虑是否产生职业倦怠。建议无需参加培训，考虑给他们换岗，以防他们成为公司的懒虫。

　　"能力强，绩效好，这些员工非常容易离职。建议给予更高的工资，加强员工福利，关注心理层面的安抚，以防他们跳槽，给公司造成损失。

　　"以下是详细数据以及这些人员的名单。"

　　这样的汇报符合本书提供的规律。

	汇报
在公司中，能力差、绩效差的员工占据不到四分之一，能力差、绩效也差属于正常现象。	数据分析
建议关注直属主管工作能力，并给予这些员工培训或调岗，	决策选择
以防他们成为公司的懒虫。	相关利益
能力差，绩效好，这说明这些员工工作很努力。	数据分析
建议给予适当的引导和培训，提升他们的能力，	决策选择
这样可以获得更好的绩效。	相关利益
能力强，绩效差，这说明这些员工不适合当前岗位，结合工龄，考虑是否产生职业倦怠。	数据分析
建议无需参加培训，考虑给他们换岗，	决策选择
以防他们成为公司的懒虫。	相关利益
能力强，绩效好，这些员工非常容易离职。	数据分析
建议给予更高的工资，加强员工福利，关注心理层面的安抚，	决策选择
以防他们跳槽，给公司造成损失。	相关利益
以下是详细数据以及这些人员的名单。	基础数据

这些决策的分析仍然是通过对比找到差异，然后根据现状做出扬长补短的决策。

最后的详细人员名单，可通过双击数据透视表的单元格获得，然后将它们打印出来即可。

6.2.8 用排序做工资条

扫描后观看
视频教程

以上提供了《人力资源管理报告》的核心部分"具体分析"的详细内容，接下来提供一个制作工资条的小技巧。

工资条是每个月都需要制作的，而通过排序功能就可以快速制作员工的工资条。

部门	姓名	工资	奖金
财务	姓名1	5600	1200

部门	姓名	工资	奖金
生产	姓名2	4860	1520

部门	姓名	工资	奖金
财务	姓名1	5600	1200
生产	姓名2	4860	1520
销售	姓名3	2598	3210
行政	姓名4	5944	1550
营销	姓名5	2968	2518

部门	姓名	工资	奖金
销售	姓名3	2598	3210

部门	姓名	工资	奖金
行政	姓名4	5944	1550

部门	姓名	工资	奖金
营销	姓名5	2968	2518

如上图所示，共有5名人员，所以在列名处插入4行，并使用自动填充复制行名，然后在列名、人员和空行前使用自动填充输入"12345"。然后单击新建的数字列，对数据使用升序。

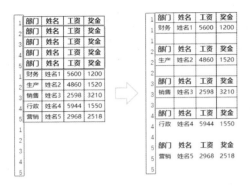

去除所有边框，并为第 1、2 行设置边框，然后选中第 1、2、3 行，使用格式刷，将边框复制给其他单元格即可。

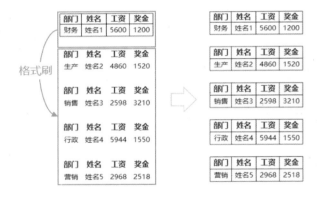

附录

在完全掌握本书介绍的知识后，你剩下的只是多加练习。本附录集中提供了各种你在练习时可能会使用到的思路和流程。

1. 制定决策的流程

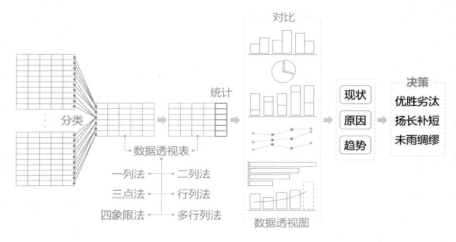

2. 单次汇报的流程

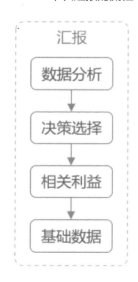

3. 数据分析报告的流程

标题页 ▶ 目录 ▶ 报告背景 ▶ 分析目的 ▶ 具体分析 ▶ 综合结论

4. 标题的思路

标题类型	说明	示例
主题	本次报告的主题	《2020 年上海地区销售汇报》 《第四季度人员薪资汇总》
现象	数据反映出的现象	《产品库存配置不合理》 《公司占有 70% 的市场》
原因	数据分析中得出的原因	《人才梯队不完善才导致业绩低迷》 《客户怎么流失的？》
趋势	数据的趋势	《主营业务收入明年将平稳上涨》 《部门下一季度业绩将会下滑》
决策	数据分析后做出的决策	《生产部门需要招聘新员工》 《北京地区产品需要整改》
利益	决策实施后可以获得的利益	《如何让成本降低 10%》 《怎样获得千万利润》

5. 具体分析的流程

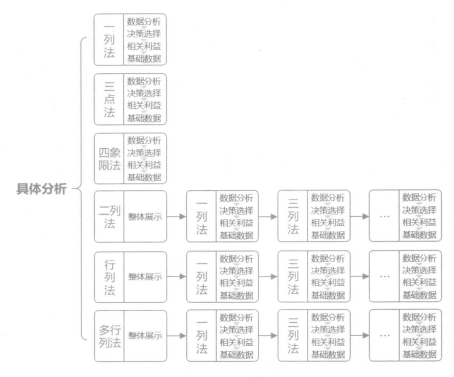

6. 相关利益的思路

类别	相关利益
员工	考试通过率提升、增加晋升通道和岗位宽度、指标完成率提升、执行力提升、领导力提升、工作效率提升
产品	产品成本降低、合格率提升、库存降低、流通成本降低、优品率提升、产品错误率降低
人力	人力成本降低、人员错误率降低、人才流失率降低、人员能效比增高、员工满意度提升

续表

类别	相关利益
销售	销售成本降低、销售额增长、销售均单增加、销售成功率增加、利润增长
营销	市场占有率提高、市场影响加大、品牌行形象提升，规避市场风险
财务	主营业务成本降低，资产流动比率提升、盈利能力提升、资本金利润率提升
客户	客户满意度提升、客户粘度增加、客户投诉率降低、大客户数增多、客户浏览量增加
领导	降低领导的业绩压力，提升领导的管理效率，减少领导的精力支出
产品	产品成本降低、合格率提升、库存降低、流通成本降低、优品率提升、产品错误率降低
人力	人力成本降低、人员错误率降低、人才流失率降低、人员能效比增高、员工满意度提升
销售	销售成本降低、销售额增长、销售均单增加、销售成功率增加、利润增长
营销	市场占有率提高、市场影响加大、品牌行形象提升，规避市场风险
财务	主营业务成本降低，资产流动比率提升、盈利能力提升、资本金利润率提升
客户	客户满意度提升、客户粘度增加、客户投诉率降低、大客户数增多、客户浏览量增加
领导	降低领导的业绩压力，提升领导的管理效率，减少领导的精力支出

7. 一列法的制作要点

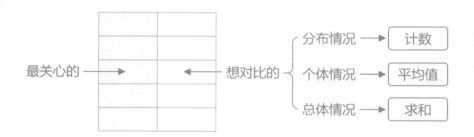

8. 三点法的制作要点

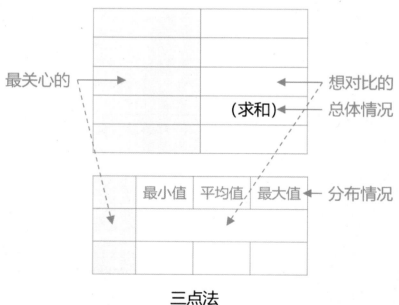

9. 四象限法的制作要点

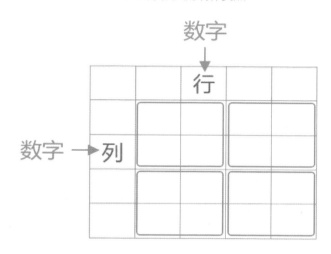

10. 二列法与行列法的制作要点

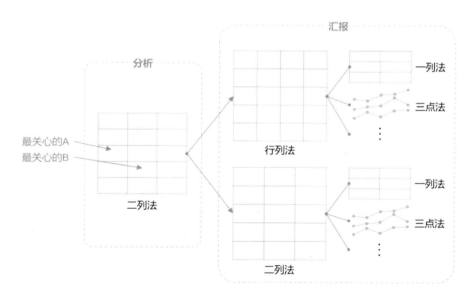

11. 多行列法的制作要点

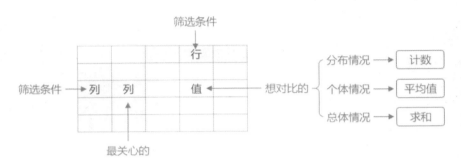

12. 六大方法的数据透视图

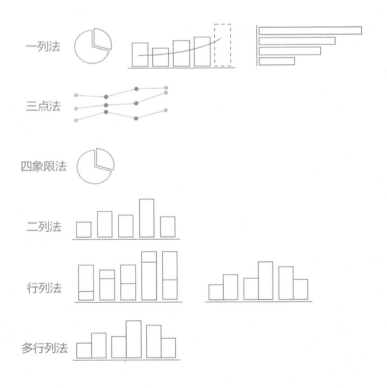